Pravesh Kumar
Hari Baksh
Anil Kumar

Tecnologia de produção de couves

Pravesh Kumar
Hari Baksh
Anil Kumar

Tecnologia de produção de couves

Impacto dos adubos orgânicos e biofertilizantes no crescimento, rendimento e qualidade da couve

ScienciaScripts

Índice

CAPÍTULO 1: INTRODUÇÃO

A couve *(Brassica olerácea* L. var. *capitata)* é uma das mais importantes hortaliças das culturas coletivas, membro da família - Cruciferae, com número cromossómico 2n = 18. Acredita-se que seja originária da Europa Ocidental e da região mediterrânica. É uma planta herbácea, bienal, dicotiledónea, com um caule curto sobre o qual se encontra uma coroa com uma massa de folhas, geralmente verdes, mas em algumas variedades vermelhas ou arroxeadas, quando imaturas, formando um cacho compacto e globular caraterístico (cabeça de repolho).

A couve é uma folha botanicamente modificada, com sistema radicular fibroso, caule robusto, condensado e espesso, inflorescência racemosa, flor bissexual, actinomórfica, completa, hipógena e cíclica (cruciforme). A polinização é altamente cruzada e o grau de polinização cruzada chega a 73%, as flores abrem-se principalmente durante a manhã. O fruto é uma vagem delgada chamada siliqua e as sementes são pequenas, de cor lisa ou castanha e de raiz pouco profunda.

A parte comestível da couve é constituída por numerosas folhas lisas, espessas e sobrepostas, que cobrem os gomos terminais designados por "cabeça". A couve é um dos produtos hortícolas de inverno mais populares na Índia. Trata-se de uma cultura bienal da região temperada. No entanto, é cultivada com igual sucesso em regiões tropicais e subtropicais, numa vasta gama de climas e solos. Os melhores resultados são obtidos num ambiente fresco com uma temperatura mensal de 13⁰ C a 16 T e onde o solo (franco-arenoso a argiloso), PH-5,5-7,5 é bem fornecido com nutrientes e água de irrigação, sendo a humidade desejável para a produção de couves.

A cultura da couve é adequada tanto para camiões como para casa (hortas). O sabor peculiar da cabeça deve-se ao glucósido sinigrina, que contém enxofre. As folhas verdes abertas são mais nutritivas do que a cabeça da couve. É utilizado como salada crua, teste delicioso, sabor, vegetal cozido, cozinhado em caril, muito utilizado em fast food, picles, bem como vegetal desidratado.

A couve é uma fonte rica em minerais, beta-caroteno e uma boa fonte de vitaminas A, B_i, B_2 e é uma excelente fonte de vitaminas C. A couve contém um grande número de minerais, incluindo iodo, enxofre, cálcio, magnésio, sódio, ferro, fósforo e potássio. As folhas exteriores contêm mais vitaminas E e cálcio do que as folhas interiores. O valor nutritivo da couve por 100g de porção comestível é de 92,1% de humidade, 1,7% de proteínas, 0,2g de gordura, 5,3g de hidratos de carbono totais, 0,9g de fibra, 64mg de cálcio, 26mg de fósforo, 0,9mg de ferro, 8mg de sódio, 209mg de potássio, 0,05mg de tiamina, 0,05mg de riboflavina, 0,05mg de niacina, 0,3mg de ácido ascórbico, 62mg de vitamina A 750 UI e 25 calorias de energia. É também uma das melhores fontes de aminoácidos com enxofre.

Na couve encontram-se muitos tipos de glucosinolatos, os isotiocianatos de alilo atraem os insectos no campo. Os glucosinolatos têm propriedades anti-fúngicas, pelo que as couves podem ser armazenadas durante mais tempo. A couve é útil em doenças da urina, obstipação e inflamação. Tem muitas propriedades medicinais e é considerada antidiamétrica, anti-rouquidão, anti-brônquica, anti-úlcera, anticancerígena e anti-osteoporose. A Índia é o segundo maior produtor de couve do mundo, a seguir à China.

A Índia emergiu como o maior produtor de couves, com uma produção total estimada em 9,037 milhões de toneladas de 0,399 milhões de hectares, enquanto em Bengala Ocidental a produção de couves é de cerca de 79,46 mil toneladas de 2288,50 mil hectares e a produtividade máxima em Tamil Nadu é de 66,07 toneladas por hectare. Na Índia, os principais Estados produtores de couve são Utter Pradesh, Karnataka, Bihar, Orissa, Gujarat, Punjab, Himachal Pradesh, Haryana e Rajasthan.

No século passado, a produção alimentar mundial aumentou drasticamente devido ao aumento do rendimento das culturas em resultado da adoção generalizada de tecnologias como a mecanização, novas variedades de culturas de elevado rendimento e resistentes a doenças, irrigação e, especialmente, a utilização de fertilizantes minerais. Embora o rendimento das culturas tenha sido a principal preocupação no passado, a consciência do aumento do crescimento demográfico e do potencial limitado de produção de mais terras levou a que a sustentabilidade das culturas ou a intensificação sustentável, ou seja, a obtenção consistente de elevados rendimentos das culturas sem danificar a capacidade do solo para produzir esses rendimentos, fosse considerada uma preocupação nacional. Assim, a atual ênfase na gestão do solo e das culturas incide na manutenção da qualidade ou da saúde do solo.

A aplicação de doses pesadas de produtos químicos, fertilizantes inorgânicos, diminui o nível de fertilidade e provoca alterações na estrutura física do solo. Os fertilizantes minerais diminuem a atividade biológica do solo e a estabilidade dos agregados. A utilização intensiva de biocidas contra as doenças causadas por produtos químicos não só polui o solo, a água e o ambiente, provocando a sua lenta degradação, mas também a vida do ser humano. Assim, para eliminar todos estes efeitos negativos, a agricultura biológica é a melhor alternativa. Os legumes respondem à adição de nutrientes através de FYM, adubação verde e fertilizantes químicos, particularmente a couve precisa de adubação pesada para uma boa planta, crescimento e alto rendimento. A utilização de uma combinação criteriosa de fontes orgânicas e inorgânicas é essencial não só para manter a saúde do solo, mas também para sustentar a produtividade.

É bem sabido que o azoto aumenta o crescimento e a maioria das culturas, em particular as hortícolas de folha, incluindo a couve. A aplicação de azoto através de fertilizantes inorgânicos pode aumentar consideravelmente o crescimento e o rendimento, mas a fertilidade e a produtividade do solo não podem ser mantidas por um período mais longo. Por conseguinte, é importante complementar a fonte de azoto inorgânico do solo. Na Índia, isso é mais importante devido à disponibilidade e à quantidade suficiente de estrume de quintal, vermicomposto e estrume de aves de capoeira em sistemas agrícolas mistos. O estrume de quintal é uma fonte rica de matéria orgânica capaz de repor a maior parte dos macronutrientes que são absorvidos pela cultura, enquanto o estrume de aves de capoeira é uma fonte concentrada de azoto e outros nutrientes. Está bem documentado que é uma excelente fonte de estrume orgânico, que aumenta a absorção de vários nutrientes. Vermicomposto significa uma mistura de vermes, minerais orgânicos, húmus, minhocas vivas, seus casulos e outros organismos.

A agricultura moderna, baseada na utilização de adubos orgânicos, desempenha um papel importante na produção de couves de boa qualidade e de maior rendimento por unidade de superfície. É necessário procurar fontes alternativas de nutrientes que possam ser baratas e respeitadoras do ambiente, para que os agricultores possam reduzir o investimento em fertilizantes e manter boas condições do solo, conduzindo a uma agricultura ecologicamente sustentável. Adubos orgânicos como vermi-composto (3%N, 1%P e 1.5%K) e vestígios de micro-nutrientes, FYM (0.5%N, 0.2%P, e 0.5% K), estrume de aves de capoeira (2.8%N, 2.6%P, e 1.2%K) e bolo de neem (2.0 a 5.0%N, 0.5 a 1.0%P e 1.0 a 2.0%K). O vermi-composto ajuda a reduzir a relação C: N, aumenta o teor de ácido húmico e fornece os nutrientes prontamente disponíveis para as plantas, tais como nitrato, fósforo permutável, potássio solúvel, cálcio e magnésio.

A FYM é um dos estrumes tradicionais e está mais facilmente disponível para os agricultores. A FYM parece atuar diretamente, aumentando o rendimento das culturas, quer por aceleração do processo respiratório através da permeabilidade celular, quer por ação hormonal de crescimento. Fornece N, P e K em formas disponíveis para as plantas através da decomposição biológica. O estrume de quintal de boa qualidade é um valioso adubo orgânico. Os estudos de longo prazo efectuados em muitos locais revelaram a superioridade do sistema integrado de fornecimento de nutrientes na manutenção da produtividade das culturas em comparação com os fertilizantes químicos isolados (Gaur, 1991).

No vermicomposto, algumas das secreções das minhocas e dos micróbios associados actuam como promotores de crescimento. Melhora as propriedades físicas, químicas e biológicas do solo. É também rico em hormonas de crescimento, vitaminas e actua como poderoso e nemátodo. A fraca economia de nutrientes dos solos de textura leve exige a necessidade de suplementar o fertilizante com estrume orgânico.

O estrume de aves de capoeira, um fertilizante orgânico eficaz, é uma fonte importante de nutrientes, com um teor médio de 3,03% de N, 2,63% de P2Os e 1,4% de K20 (Reddy e Reddi, 1995). Verificou-se frequentemente que o estrume de aves de capoeira aumenta o rendimento das pastagens e das culturas, incluindo as hortícolas. A resposta positiva do rendimento do tratamento com estrume de galinha é atribuída ao aumento da nutrição azotada. (Hochmuth *et al.*, 1993; Opara e Asiegbu, 1996).

Os biofertilizantes são microrganismos benéficos para a agricultura, que têm a capacidade de mobilizar elementos nutricionalmente importantes de não utilizáveis para utilizáveis através de processos biológicos. Sabe-se que aumentam o rendimento de vários vegetais, para além de resultarem numa poupança considerável de fertilizantes inorgânicos (Kumar *et al.* 2001).

Os biofertilizantes são microrganismos que enriquecem a qualidade dos nutrientes do solo. As principais fontes de biofertilizantes são as bactérias, os fungos e as cynobacteria (algas verdes azuis/ *Azotobacter* é um organismo de vida livre (não simbiótico), aeróbico, fixador de azoto e esta bactéria gram-negativa pertence à família Azotbacteriaceae. Quando se aplicam inoculantes *de Azotobacter* às culturas, quer como tratamento de sementes, quer como tratamento de raízes de plântulas ou de solos, um grande número de células *de Azotobacter* adere às sementes ou às raízes e multiplica-se rapidamente nos solos juntamente com as raízes em desenvolvimento, formando uma bainha espessa de população bacteriana à volta das raízes e fixando o azoto atmosférico. Os biofertilizantes estão a ganhar uma atenção crescente para melhorar a fertilidade do solo e a produção de qualidade das culturas hortícolas, devido ao aumento dos preços dos fertilizantes químicos e minimizam a poluição ambiental.

Estes biofertilizantes são orgânicos e, por conseguinte, absolutamente seguros e proporcionam apoio mecânico, vigor e saúde às plântulas. Estes biofertilizantes suprimem a incidência de agentes patogénicos e actuam como agentes de controlo biológico e proporcionam tolerância às plantas contra a seca e o stress. São amigos do ambiente (não poluem) e baseiam-se em fontes de energia renováveis e proporcionam sustentabilidade ao sistema agrícola.

Azotobacter e PSB são os biofertilizantes que nutrem as culturas e o solo através da libertação de substâncias e vitaminas promotoras do crescimento. *A Azotobacter* fixa o azoto atmosférico na zona radicular das plantas. É uma bactéria fixadora aeróbica de vida livre, que pode substituir parte do fertilizante inorgânico. A inoculação de *Azotobacter* poupa fertilizantes azotados em 10 a 20 por cento (Mohandas, 1999).

As bactérias solubilizadoras de fósforo (PSB) solubilizam os fosfatos fixos não solúveis presentes nos solos, quando inoculadas, secretam substâncias acéticas e solubilizam o fósforo insolúvel do solo, que de outro modo não estaria disponível. A inoculação com biofertilizante PSB aumenta o rendimento das culturas em 10 a 30 por cento (Tilak e Annapurna, 1993).

A escolha da combinação de diferentes fontes de adubo orgânico e biofertilizante para aumentar o rendimento da couve tem sido uma questão de interesse para dar sustentabilidade à produtividade agrícola, incluindo os vegetais na cultura.

Tendo todos estes pontos em mente, foi efectuada uma investigação para avaliar o **"Impacto dos adubos orgânicos e biofertilizantes no crescimento, rendimento e qualidade da couve *(Brassica oleracea* L. var. capitata)** *cv.* **Golden Acre"** com objectivos de pousio:

1. Impacto de adubos orgânicos e biofertilizantes no crescimento do repolho *cv.* Golden Acre.

2. Impacto de adubos orgânicos e biofertilizantes no rendimento do repolho *cv.* Golden Acre.

3. Impacto de adubos orgânicos e biofertilizantes na qualidade do repolho *cv.* Golden Acre.

CAPÍTULO 2: REVISÃO DA LITERATURA

A literatura relevante para os adubos orgânicos e biofertilizantes enriquece o solo em termos de qualidade nutritiva. As plantas têm uma série de relações benéficas com esses organismos presentes no biofertilizante. Supõe-se que são meios muito eficazes para melhorar o crescimento das plantas, o rendimento e a qualidade das cabeças. O estrume orgânico (estrume de quintal, vermicomposto, estrume de aves de capoeira e bagaço de nim) proporciona uma grande superfície de partículas que contém muitos micro-sítios para actividades microbianas e também para uma forte retenção de nutrientes.

Este capítulo trata dos trabalhos de investigação anteriores relacionados com a aplicação de estrume orgânico e biofertilizantes na couve. Também foram incorporadas evidências de apoio de outras culturas para tornar a interpretação dos resultados mais fácil e alargada.

2.1. PARÂMETROS DE CRESCIMENTO

Bahadur *et al.* (2003) estudaram o efeito do estrume orgânico e do biofertilizante no crescimento, rendimento e atributos de qualidade dos brócolos. Observaram que a utilização de FYM e a inoculação de sementes com VAM melhoraram significativamente o peso fresco da folha, o diâmetro do caule, o peso seco da cabeça, o diâmetro da cabeça e o rendimento. Foram estimados teores mais elevados de carotenóides em relação ao controlo no tratamento fornecido com FYM e inoculação de sementes com VAM.

Anant *et al.* (2004) avaliaram os efeitos do estrume orgânico e dos biofertilizantes no crescimento e no rendimento da couve e referiram que a lama de prensa + VAM registou os valores mais elevados para o número de folhas exteriores (13,3), peso fresco das folhas exteriores (146,67 g) e número de folhas interiores (13,7).

Singh e Singh (2006) mostraram que o efeito integrado de bio-inoculantes (*Azotobacter* e PSM), juntamente com fertilizantes orgânicos e inorgânicos, teve um efeito significativo e positivo no comprimento do caule, no número de raízes primárias, no número de folhas não enroladas e no número de folhas exteriores da couve.

Bhardwaj *et al.* (2007) observaram um bom crescimento em parâmetros de crescimento como altura da planta (44,77 cm), diâmetro do caule principal (2,93 cm), dispersão da planta (66,80 cm) e número de folhas totalmente abertas por planta (20,12).

Upadhyay *et al.* (2007), na sua experiência Effect of bio-fertilizers in combination of organic amendments on growth, yield and quality attributes of Cabbage, referiram que a utilização de bio-fertilizantes em combinação com alterações orgânicas influenciou significativamente o ácido ascórbico, os carotenóides totais, os hidratos de carbono totais e o teor de fibra bruta.

Khare e Singh (2008) investigaram doze combinações de tratamento que incluíam três culturas, ou seja, sem biofertilizante, *Azospirillum, Azotobacter* e quatro níveis, *ou seja,* 0 %, 50 %, 75 % e 100 % da dose recomendada (RD) de azoto (135 kg N/ha), no crescimento e rendimento da couve cv. Golden Acre, em um projeto fatorial de blocos aleatórios com três repetições. De acordo com as suas descobertas, a aplicação de 75 % de N (RD) em combinação com *Azotobacter* aumentou significativamente os parâmetros de crescimento (número de folhas desdobradas, área foliar e índice de área foliar), atributos de rendimento (número de folhas dobradas, peso e diâmetro da cabeça) e rendimento da couve (341,66 q/ha).

Akbar *et al.* **(2009)**, trabalhando com repolho em Meerut (UP), registaram a altura máxima da planta, a propagação da planta, o maior tamanho da cabeça e o maior rendimento de cabeças por planta e por hectare através da aplicação de vermicomposto @ 10 kg/ha, enquanto o número de folhas/planta e o número de folhas de invólucro/cabeça foram máximos com a sua aplicação @ 5 t/ha, a inoculação com *Azotobacter* @ 10 kg/ha registou a altura máxima da planta, o número máximo de folhas por planta, o número de folhas de invólucro por cabeça, bem como o diâmetro da cabeça, enquanto o comprimento da cabeça e o rendimento da cabeça por planta foram máximos com *Azotobacter* @ 5 kg/ha.

Mhaske *et al* **(2011)** conduziu para descobrir o efeito de fontes orgânicas e inorgânicas de nitrogênio e biofertilizantes no crescimento e rendimento do repolho *cv*. Golden Acre. Vinte combinações de tratamento compostas por quatro níveis de fontes de nitrogênio e cinco níveis de biofertilizantes foram dispostas em um projeto de blocos aleatórios fatoriais com duas repetições. A combinação de fertilizante 75% RDN através de fertilizante inorgânico + 25% N através de FYM juntamente com a combinação de biofertilizante *Azotobacter* + PSB + VAM foram considerados superiores aos outros tratamentos para caracteres de crescimento (altura da planta, número de folhas, diâmetro do caule, propagação da planta) e rendimento do repolho.

Yadav *et al.* **(2012)** cultivaram couve *cv*. Pride of India sob 17 combinações de tratamentos, *nomeadamente* quatro níveis de azoto (controlo, 100, 125 e 150 kg/ha) isoladamente e em combinações de 3 biofertilizantes *(Azotobacter, Azospirillium* e *PSB)* e um controlo absoluto, dispostos em RBD simples com três repetições no Departamento de Ciências Vegetais, Faculdade de Horticultura e Silvicultura, Jhalawar (Rajastão). O tratamento (150 kg de N + PSB) registou a altura máxima das plantas (24,64 cm), a dispersão das plantas (42,87 cm), o número de folhas abertas (20,67), a área foliar (247,43 cm2), o número máximo de dias até à maturação da cabeça (110,00), o diâmetro do caule (17,51 mm) e o rendimento da cabeça (432,92 q/ha), em comparação com o controlo (P & K recomendados) e o controlo absoluto. Observou-se que a integração do nível mais elevado de azoto, isto é, 150 kg N, com *Azospirillium* e *Azotobacter* foi estatisticamente tão eficaz como a integração com PSB em termos de parâmetros de crescimento e rendimento.

Shree *et al.* (2014) fizeram experiências com couve-flor *cv.* Poosi e diferentes fontes de nutrientes, incluindo fertilizante orgânico, inorgânico e biofertilizante, isoladamente e em combinações aplicadas seguindo o procedimento adequado de acordo com o tratamento e registaram a altura máxima da planta (66,75 cm), a dispersão da planta (58,64 cm), o diâmetro da coalhada (16.09 cm), profundidade da coalhada (1176 am), volume da coalhada (702.00 cc), peso da coalhada (568 gm), rendimento por hectare (252.48 q) e ácido ascórbico (63.19 mg/100 gm) através de uma aplicação integrada de 50% NPK (dose recomendada) + FYM @ 5.0 t/ha + estrume de aves de capoeira @ 2.0 t/ha + *Azospirillum.*

Meena *et al* (2017) realizaram um estudo na Horticulture Research Farm do Department of Applied Plant Science, Babasaheb Bhimrao Ambedkar University, Vidya Vihar, Rae Bareli Road, Lucknow (U.P.), Índia, durante a estação Rabi de 2015-16. A maior altura da planta (52,67 cm), número de folhas por planta (22,13), comprimento da folha (43,07 cm), largura da folha (35,20 cm), diâmetro do caule (5,00), dias para a coalhada (65,13), dias para 50% de iniciação da coalhada (75,23), dias para 50% de maturidade da coalhada (96,13), diâmetro da coalhada (10,52).

2.2. PARÂMETROS DE RENDIMENTO

Devi (2003) conduziu uma experiência com 75 e 50 % da dose recomendada de N juntamente com adubos orgânicos (estrume de vaca, bagaço de neem ou estrume de aves) e biofertilizantes *(Azospirillum brasilence* ou *Azotobacter chroococcum)* e concluiu que a aplicação de 50 % da dose recomendada de N + estrume de aves + biofertilizantes deu o maior rendimento de 55,82 t/ha em repolho. No entanto, a relação custo-benefício foi mais elevada (4,30) com a aplicação de 75 % de N + biofertilizantes.

Bijaya Devi e Roy (2004) concluíram, a partir dos seus estudos realizados em Imphal (Manipur), que as necessidades totais de azoto na couve podem ser reduzidas significativamente sem afetar o rendimento se as plântulas forem inoculadas com *Azotobacter, Azospirillum* e *Phosphotika,* mas o rendimento mais elevado foi obtido quando as plântulas biofertilizadas foram plantadas sob o pacote completo recomendado de fertilização (N120:P100: K120 kg/ha +FYM @ 25 t/ha). Prasad e Gaurav (2004) também relataram *Azospirillum* junto com *Azotobacter* resultando em maior rendimento (14,11 t/ha) em brócolis *cv.* Aishwarya.

Gupta e Samnotra (2004) analisaram o desempenho da couve *cv.* Golden Acre sob diferentes níveis de N recomendado (0, 25, 50, 75 ou 100 %) e biofertilizantes *viz. Azospirillum* e *Azotobacter* @ 2kg/ha e relataram uma poupança de 25 % de azoto (N), uma vez que observaram uma altura de planta significativamente mais elevada (25,08 cm), diâmetro da cabeça (14,63 cm), compacidade da cabeça (45,27) através de 75 % de N recomendado com *Azospirillum.* Kanwar e

Paliyal (2005) conseguiram realizar uma poupança líquida de 50 % de fertilizante sintético substituindo o vermicomposto por FYM juntamente com 100 % de NPK.

Singh e Singh (2005) realizaram uma experiência durante a estação *rabi* de 2002-03 e 2003-04 em Faizabad, U.P., para avaliar a resposta da couve-flor *cv.* snow ball-16 a quatro biofertilizantes *(Azospirillum, Azotobacter,* PSB e VAM) e dois níveis de azoto e fósforo (75 e 100% da dose NPK recomendada de 120:60:60 kg/ha). Foram registados os dados relativos à altura da planta, número de folhas, peso bruto por planta, peso médio da coalhada, teor de ácido ascórbico e rendimento. *Azospirillum* + 100% do NPK recomendado registou os valores mais elevados para os parâmetros de crescimento, rendimento e qualidade estudados. Estes tratamentos também registaram o maior rendimento líquido (Rs 53965/ha) e a relação custo-benefício (2,23).

Bahadur *et al.* (2006) descobriram que o uso combinado de emendas orgânicas, juntamente com a inoculação de mudas em PSM ou VAM, registrou o rendimento da cabeça a par do controle (fertilização convencional) em couve chinesa *(Brassicapekinensis cv.* Solan Band Sarson).

Bhardwaj *et al* (2007) observaram bons parâmetros de rendimento, *nomeadamente* o peso médio da coalhada (269,24 g), o tamanho médio da coalhada (18,93 cm) e o rendimento da coalhada (139,53 q/ha) através da aplicação de replantação com *Azotobacter* e 75 % de RDN (150 kg/ha) e 60 kg/ha de P e K nos brócolos.

Pandey *et al.* (2007) realizaram uma experiência para estudar o efeito da FYM, dos fertilizantes inorgânicos e dos biofertilizantes na produção de couve. A dose total (100%) recomendada de NPK aumentou significativamente o rendimento da coalhada em 28,4 e 66,2% em relação a 50% NPK e ao controlo, respetivamente. Foi igual ao tratamento 75% NPK + 10 t *FYM/ha+Azotobacter*. A aplicação de 75% NPK + 10 t FYM/ha + *Azotobacter* resultou na absorção máxima de nutrientes pela cabeça da couve. Foi observada uma melhoria significativa devido à combinação adequada de NPK, FYM e *Azotobacter* para o conteúdo e rendimento de proteínas na cabeça. A inoculação de *Azotobacter* melhorou o estado de N mas não conseguiu melhorar o estado de P, K e S. Houve uma melhoria consistente no estado de NPK e S disponíveis no solo com a adição de maiores quantidades de nutrientes através de FYM e fertilizantes inorgânicos.

Sood e Vidyasagar (2007), que realizaram experiências com biofertilizantes e fertilizantes azotados inorgânicos no desempenho da couve em Palampur (HP) durante 2002-03 e 2003-04, referiram que a aplicação de 80 % de N (RD) + *Azospirillum* no solo ou nas sementes foi superior entre as combinações de tratamento em termos de rendimento comercializável. *Azotobacter* ou *Azospirillum* reduziram as necessidades de N até 20 % da taxa recomendada. De acordo com eles, N a 80 % da taxa recomendada + *Azotobacter* também resultou na maior absorção de N.

Padamwar e Dakore (2009) consideraram que a aplicação de vermicomposto (5 t/ha) e de *Azotobacter* (10 kg/ha) foi mais benéfica para aumentar o rendimento e a qualidade da couve-flor.

Pramod Kumar e Singh (2009) verificaram que a inoculação de *Azotobacter* aumentou significativamente o rendimento médio da coalhada em 11,8 e 14,3% em relação à ausência de inoculação no primeiro e segundo anos, respetivamente. Do mesmo modo, o rendimento médio da coalhada de couve-flor aumentou significativamente em 26,5 e 51,8% com 150 e 225 kg N/ha em relação a 75 kg N/ha, respetivamente. Houve um aumento significativo no rendimento de matéria seca e no teor de proteínas na coalhada com *Azotobacter* e níveis de azoto. O teor de N e P na coalhada aumentou significativamente com a adição de azoto. A inoculação *de Azotobacter* e os níveis de azoto aumentaram a absorção de N e P pela coalhada. O estado do N disponível no solo após a colheita melhorou significativamente com a *Azotobacter* e a aplicação de azoto.

Chatterjee (2010) estudou diferentes atributos fisiológicos da couve, nomeadamente o teor de clorofila das folhas, os índices de área foliar e a acumulação de matéria seca, bem como atributos de rendimento com 14 combinações de tratamentos diferentes (orgânicos, incluindo biofertilizantes e inorgânicos) em Cooch Behar, W. Bengala e revelou que uma quantidade maior de adubo orgânico (8 e 16 t/ha FYM e 2,5 e 5 t/ha VC) e níveis reduzidos de fertilizantes inorgânicos (75% RDF) não só influenciaram significativamente os atributos fisiológicos, mas também os atributos de rendimento e rendimento de cabeça de repolho em comparação com a aplicação única de fertilizantes inorgânicos recomendados (150:80:75 kg NPK/ha). O vermicomposto surgiu como melhor fonte de nutrientes orgânicos do que o estrume de quinta. A inoculação com biofertilizante teve um resultado mais positivo do que os tratamentos não inoculados e os benefícios da aplicação de biofertilizante foram maiores na presença de vermicomposto do que de estrume de quinta. As caraterísticas fisiológicas desejáveis, como o teor de clorofila, o índice de área foliar e o teor de matéria seca, juntamente com o peso e o rendimento da cabeça, foram mais elevados nas plantas cultivadas com a aplicação de 75 % dos fertilizantes inorgânicos recomendados, juntamente com vermicomposto (5 t/ha) na presença de biofertilizantes.

Sarkar *et al.* (2010) descobriram que as plântulas de couve, antes do transplante, inoculadas por imersão no chorume *de Azotobacter* durante 20 minutos, tiveram um impacto significativo nos caracteres que atribuem rendimento e no rendimento da couve. As plantas inoculadas com biofertilizantes registaram um rendimento de cabeça de 31,77 t/ha, 19,66%

superior ao das plantas não inoculadas.

Sharma *et al.* (2011) registaram um comprimento máximo de raiz (13,55 cm), ácido ascórbico (45,18 mg/100 g) e colheram 29,39 toneladas de cabeça de couve por hectare com uma relação benefício/custo máxima (3,04) através da aplicação de *Azotobacter* + estrume de vaca @ 3 t/ha + fosfato de rocha @ 0,375 t/ha + bactérias solubilizadoras de fosfato (PSB).

Merentola *et al.* (2012) realizaram um ensaio na Quinta Experimental da Escola de Ciências Agrícolas e Desenvolvimento Rural, Universidade de Nagaland, para estudar o efeito do INM no crescimento, rendimento e qualidade da couve em condições de sopé de Nagaland. Os resultados revelaram que a aplicação de fertilizantes, adubos orgânicos e biofertilizantes, isoladamente ou em combinação, aumentou significativamente o crescimento, o rendimento e a qualidade da couve, em comparação com o controlo. A produção máxima de cabeças (56, 37 t/ha) foi registada com 50 % NPK + 50 % FYM + biofertilizante, que foi significativamente superior a outros tratamentos, exceto 100 NPK, 50 S NPK + 50 % estrume de porco + biofertilizantes e 50 % NPK + 50 vermicomposto + biofertilizantes, onde os valores de produção de cabeças foram 49,18 t/ha, 50,56 ha e 53,64 t/ha, respetivamente. Esses tratamentos, ou seja, 50 NPK + 50 FYM + biofertilizante, também produziram os maiores rendimentos líquidos de Rs 1.69.697/- com relação custo-benefício de 300, seguidos por 50% NPK + 50 esterco de porco + biofertilizante e 100S NPK. Através destes resultados, suspeitaram que a produção óptima de couve pode ser obtida com a aplicação integrada de 50% NPK + 50% FYM + biofertilizante ou 50% NPK + 50% estrume de porco + biofertilizantes.

Yadav *et al.* (2012) cultivaram o rendimento da cabeça de repolho (432,92 q/ha) em comparação com o controlo (P & K recomendados) e o controlo absoluto. Observou-se que a integração do nível mais elevado de azoto, ou seja, 150 kg N com *Azospirillium* e *Azotobacter*, foi estatisticamente tão eficaz como a integração com PSB em termos de parâmetros de crescimento e rendimento.

Sharma *et al.* (2013) realizaram experiências de campo na cultura da couve utilizando *Azotobacter, Azospirillium* e VAM no R.B.S. College, Research Farm Bichpuri, Agra, UttarPradesh e referiram que *o Azospirillium* aumentou significativamente o rendimento total da cabeça da couve até 7,06 % do que *o Azotobacter*. A dose de 4 kg/ha de cada biofertilizante mostrou um efeito favorável significativo na produção do que a dose de 2 kg/ha de cada biofertilizante e mesmo do que a dose de 6 kg/ha de *Azotobacter* e *Azosprillium*.

Chatterjee *et al* (2014) relataram que a combinação de nutrientes de diferentes fontes tem um papel significativo no crescimento da cultura e no rendimento do repolho. A combinação criteriosa de maior quantidade de vermicomposto e inoculação de mudas com biofertilizantes na presença de nível reduzido de fertilizante inorgânico pode aumentar a eficiência do uso de nitrogênio dos nutrientes aplicados. A substituição de 25% da dose recomendada de fertilizantes inorgânicos é possível quando a maior quantidade de adubos orgânicos e biofertilizantes foram combinados. O esquema de nutrientes que compreende 75% dos fertilizantes inorgânicos recomendados e vermicomposto (5 t/ha), juntamente com a imersão das raízes das mudas de biofertilizantes, pode ser praticado para alcançar o rendimento desejado, a eficiência do uso de nutrientes e a sustentabilidade do sistema de produção.

Singh *et al.* **(2014)** verificaram que a aplicação de inoculantes *Azospirillum* + *Azotobacter* (50% cada) aumentou significativamente o tamanho da coalhada (15,17 cm), o diâmetro e o rendimento da coalhada de brócolos, tendo encontrado o máximo em comparação com outros tratamentos. Os resultados mostraram que *Azospirillum* (100%), PSB (100%) e *Azotobacter* (100%) também tiveram melhor desempenho do que a dose recomendada de fertilizante. Assim, o estudo concluiu que a utilização de *Azospirillum* + *Azotobacter* (50% cada) foi considerada melhor para melhorar o rendimento da coalhada de brócolos e as suas biomoléculas activas.

Sajib *et al.* **(2015)** revelaram que o vermicomposto com a dose recomendada de fertilizantes NPK aumentou o rendimento do repolho. Com base nos resultados do experimento, pode-se concluir que, para uma produção eficiente de repolho e manutenção da saúde do solo, é necessário o uso judicial de diferentes adubos orgânicos com fertilizantes químicos. Assim, o tratamento T5 (50 % vermicomposto + 50 % 6 doses recomendadas de fertilizantes) pode ser utilizado pelos agricultores para uma produção rentável de couves. No entanto, o presente trabalho de investigação foi realizado na aldeia de Hogladanga, em Botiaghata upazila, Khulna, apenas numa estação. São necessários mais ensaios em diferentes locais do Bangladesh antes da recomendação final ao nível do agricultor.

Os resultados de **Reza** *et al.* **(2016)** revelaram que quando o vermicomposto foi aplicado em combinação com o sistema integrado de nutrientes para plantas, juntamente com as doses recomendadas de fertilizantes químicos, o efeito mostrou melhor desempenho no rendimento do que a aplicação de fertilizantes químicos isoladamente. Assim, concluímos que o vermicomposto pode ser usado em combinação com fertilizantes ou sozinho para um rendimento satisfatório de repolho.

Devi *et al.* **(2017)** conduziram um experimento que consistiu em dezesseis combinações de tratamento com quatro níveis de adubos orgânicos (Controle, FYM 25 t ha-1, vermicomposto @ 8,5 t ha-1 e FYM @ 16,5 t ha-1 + vermicomposto @ 2,5 t ha-1) e quatro níveis de biofertilizantes (Controle, *Azotobacter,* PSB e *Azotobacter* + PSB) em um projeto de blocos aleatórios com três repetições. Os resultados indicaram que a aplicação de vermicomposto @ 8,5 t ha-1 e a inoculação com *Azotobactor* + PSB foram significativamente superiores aos restantes tratamentos no que diz respeito ao volume médio de cabeças, produção de cabeças por parcela, produção total de cabeças, ácido ascórbico, teor de proteínas e teor de azoto, exceto no tratamento M3 (FYM 16,5 t/ha + VC 2,8 t/ha), que foram estatisticamente iguais entre si.

Negi *et al.* **(2017)** realizaram um ensaio no Bloco Orgânico e Lácteo, Faculdade de Horticultura, Universidade de Horticultura e Silvicultura VCSG Uttarakhand, Bharsar, Uttarakhand durante o ano de 2015. O experimento foi estabelecido em um projeto de bloco completo randomizado (RCBD) em um espaçamento de 45 cm × 45 cm com três replicações com 10 tratamentos compostos por esterco de curral, bolo de nim, grânulos de biovita, vermicomposto e biofertilizantes *(Azotobacter* e bactérias solubilizadoras de fosfato)*. As observações foram registadas em diferentes atributos de crescimento, rendimento e qualidade. Além disso, foi também analisada a economia dos diferentes tratamentos. A análise de variância revelou diferenças significativas entre os tratamentos para todos os caracteres em estudo. O tratamento T6 (estrume de quinta

+ biofertilizante), devido ao seu desempenho persistente em termos de rendimento (39,25 t/ha), rendimento bruto (Rs. 314561,23/ha), rendimento líquido (Rs. 252982,41/ha) e relação benefício/custo mais elevada (1:4,10), juntamente com uma aplicação equilibrada de nutrientes para manter a saúde do solo, foi considerado o melhor tratamento. Assim, o tratamento T6 pode ser recomendado para o cultivo comercial a longo prazo para a produção sustentável de brócolos na região montanhosa do país.

Singh *et al.* **(2018)** relataram que o peso fresco máximo da cabeça (1646 g), o peso seco da cabeça (65,81 q) e o rendimento do repolho (609,5 q/ha). No entanto, o segundo melhor tratamento foi 100% NPK (N 150, P 100 e K 40), que produziu 604,3 q/ha, seguido de perto por 10t PM/ha (450,3 q/ha) e 50% NPK + 15t FYM/ha (457,4 q/ha). A aplicação de 50t PM/ha com biofertilizantes duplos *(Azotobacter* +PSB) aumentou ainda mais o rendimento da couve até 729,3g/ha. Apenas 100% NPK aumentou o P e K disponíveis no solo pós-colheita em relação ao controlo.

Khatkar *et al.* **(2018)** concluíram que o fornecimento da cultura de repolho com NPK (75%) + Vermicomposto + *Azospirillum* se mostra eficiente no aumento do rendimento do repolho, além de reduzir 20 a 25% dos fertilizantes inorgânicos, o que acabará por reduzir o custo de produção e os efeitos nocivos dos fertilizantes inorgânicos na saúde do solo e no meio ambiente.

Kaur (2020) relatou que o retorno máximo em comparação com outros tratamentos.

Entre os tratamentos com adubo orgânico, o T6 (4 toneladas/ha de adubo de aves + *Azotobacter*) foi considerado mais económico, uma vez que serve um duplo objetivo - minimizar os fertilizantes inorgânicos e, em segundo lugar, obter maiores rendimentos com uma relação B:C mais elevada (4,84).

Mishra *et al.* **(2021)** relataram que a máxima formação de cabeça % 96,5% foi encontrada em (T8), peso da cabeça 898g em Ts na colheita e maior rendimento de cabeça 432,0q/ha em Ts na colheita.

2.3 PARÂMETROS DE QUALIDADE

Bahadur *et al.* **(2006).** Em comparação com a fertilização convencional, verificou-se que o teor de vitamina C na cabeça era 43,8 % mais elevado no estrume de capoeira (20 t/ha), 36,5 % mais nas lamas digeridas (20 t/ha) e 22,6 % mais através da utilização combinada de ambos os estrumes orgânicos, ou seja, estrume de capoeira e lamas digeridas (10 t/ha cada).

Padamwar e Dakore (2010), ao estudarem o impacto do vermicomposto, do estrume de curral (FYM) e dos biofertilizantes na qualidade nutricional das culturas de Cole, encontraram aumentos significativos na percentagem de matéria seca, proteína, hidratos de carbono, vitamina C e conteúdo de cálcio em todas as culturas de Cole devido à aplicação de fertilizantes de vermicomposto.

Chatterjee *et al.* **(2012)** revelaram que o rendimento da cabeça de repolho e a sua auto-vida; os teores de SST, vitamina A e vitamina C foram significativamente influenciados pela aplicação de adubos orgânicos e biofertilizantes. O vermicomposto emergiu como melhor fonte de nutrientes orgânicos do que o estrume de quinta. A inoculação com *Azophos,* uma preparação comercial de biofertilizante que contém *Azotobacter e* PSB, teve um resultado mais positivo do que os tratamentos não inoculados e os benefícios da aplicação de biofertilizante foram maiores na presença de vermicomposto do que de estrume de quinta.

Rai *et al.* **(2013)** observaram o peso bruto máximo da planta, bem como o peso líquido da cabeça de repolho através da aplicação combinada de 75 % da dose recomendada de NPK + VC@ 3 t/ha. No que *diz* respeito aos atributos de qualidade, com exceção do teor de clorofila total, os atributos proteína total, amido total e ácido ascórbico também se revelaram mais elevados com este tratamento.

Meena *et al.* **(2017)** A vitamina C máxima contém (90,50mg/100), T.S.S contém (8,80 0Brix) e açúcar redutor (3,25%), açúcar não redutor (0,79%), açúcares totais (3,97%) foi registado em T8 (RDF 25% + Vermicomposto 50% + *Azotobacter* 50% + *Azotobacter* 25% exceto acidez.

Boteva *et al.* **(2019)** relataram que a vitamina C máxima, enquanto o teor de açúcar do repolho foi maior na variante com Biosok 5 l/ha. No geral, o rendimento e a qualidade do repolho foram maiores nas variantes de biofertilizantes e fertilizantes orgânicos em comparação com o controle. Não se observou qualquer efeito negativo dos biofertilizantes e dos fertilizantes orgânicos na capacidade de armazenamento das couves.

CAPÍTULO 3: MATERIAIS E MÉTODOS

Este capítulo inclui os pormenores dos materiais utilizados e os métodos adoptados durante o curso da investigação. Também é apresentada uma breve descrição das condições climáticas e edáficas prevalecentes durante o período das culturas.

Este experimento sobre **"Impacto de adubos orgânicos e biofertilizantes no crescimento, rendimento e qualidade do repolho** *(Brassica oleracea* **L. var. capitata)** *cv.* **Golden Acre"** foi conduzida na Unidade Experimental do Departamento de Horticultura, Tilak Dhari Post Graduate College, Jaunpur (U.P.) Índia durante a época rabi que se estendeu de novembro de 2020 a fevereiro de 2021.

Os materiais utilizados e os métodos adoptados no decurso do inquérito são descritos no presente capítulo sob títulos adequados.

3.1 SÍTIO EXPERIMENTAL: -

A unidade experimental está situada a 25° 44' 05" de latitude norte e 82° 41 07" de longitude leste, a uma altitude de 82,2 metros acima do nível médio do mar. A investigação foi efectuada na Unidade Experimental do Departamento de Horticultura, Tilak Dhari Post Graduate College, Jaunpur (U.P.). A topografia do campo experimental era plana. Este motivo situa-se na 8th zona de planície oriental da zona agro-climática. A quinta tem todas as instalações necessárias para a produção de legumes e dispõe de meios de transporte rápidos.

3.2 CLIMA E CONDIÇÕES METEOROLÓGICAS: -

O clima de Jaunpur é subtropical, com três estações distintas: inverno, verão e chuvas. Durante o inverno (dezembro-janeiro), a temperatura desce para 5^0 C ou mesmo baixa, enquanto no verão (maio-junho) chega a atingir 45°C. Ocasionalmente, podem ocorrer geadas e precipitação durante o inverno. A maior parte da precipitação ocorre entre meados de julho e finais de setembro, após o que a intensidade da precipitação diminui. A precipitação média anual é de cerca de 850-1100 mm. Os dados meteorológicos registados durante o período de inquérito são apresentados na Tabela: 3.2.1, respetivamente.

3.2.1 Quadro: - Dados metrológicos (2020-2021): -

Week No.	Duration	Rainfall (mm)	Temperature (°C)		R.H. (%)	
			Max.	Min.	Max.	Min.
1.	Oct 15-21	3.6	31.7	20.4	84	38
2.	22-28	0.0	31.6	19.9	84	53
3.	Oct 29 –Nov 04	0.0	30.8	16.0	88	33
4.	Nov 05-11	0.0	30.3	16.0	90	34
5.	12-18	0.0	29.6	16.1	90	41
6.	19-25	0.0	29.9	15.4	93	43
7.	26 Dec 02	0.0	26.1	12.9	90	41
8.	Dec 03-09	0.0	28.8	14.0	94	49
9.	10-16	0.0	21.5	10.3	95	64
10.	0.0	0.0	16.5	7.5	96	65
11.	24-31	0.0	22.3	7.2	91	41
12.	Jan 1-7	0.0	20.7	11.3	91	59
13.	8-14	22.4	17.9	10.7	92	68
14.	15-21	37.1	18.1	10.6	92	76
15.	22-28	0.0	20.4	11.7	94	63
16.	29 Feb 04	0.0	20.1	9.8	89	63
17.	Feb 05-11	0.0	24.9	12.3	81	45
18.	12-18	24.4	20.4	11.0	83	54
19.	19-25	15.5	23.5	12.3	82	64
20.	26-Mar 04	34.5	23.9	15.6	86	68
21.	Mar 05-11	0.0	27.0	13.0	89	45
22.	12-18	0.5	28.5	15.9	82	55

Fonte: Quinta de investigação agrícola IAS, BHU, Varanasi, (2020-2021)

3.3 ANÁLISE DO SOLO: -

As amostras de solo do campo experimental foram recolhidas a uma profundidade de 10-15 cm antes da plantação das plântulas e misturadas cuidadosamente para obter as amostras compostas que foram submetidas a análises mecânicas, físicas e químicas. Os resultados da análise são apresentados no quadro:

3.3.1 Tabela: - Composição mecânica do solo:

Components	Percentage	Method used
Sand	56.60	-
Silt	17.80	International pipette method (piper,1966)
Clay	23.60	
Texture	-	Sandy loam

3.3.2 Análise física dos componentes do solo:

Components	Value
Field capacity (%)	20.30
Water holding capacity (%)	41.50
Permanent wilting point (%)	5.30
Bulk density (g/cm^2)	2.50

3.3.3 Análise química dos componentes do solo:

Parameters	Value	Categories	Method used
pH	7.3	Slightly alkaline	1:2.5 soil water suspension (Jackson, 1973)
Organic matter (%)	0.46	Low	Walkley and Black method (piper, 1950)
EC (dSm^{-1})	0.45	Low	EC meter
Available N (kg/ha)	200	Medium	Alkaline KMnO4 method (Subbiah and asija, 1956)
Available P (kg/ha)	245	Medium	*Olsen's* Method, Olsen *it al.*1954)
Available k (kg/ha)	300	Medium	Ammonium acetate method Hanway and Heidel (1952)

3.3 FONTE DE IRRIGAÇÃO: -

A fonte de irrigação foi um poço tubular através do qual a água foi fornecida às parcelas experimentais através de um canal de irrigação.

3.4 PREPARAÇÃO DO CAMPO EXPERIMENTAL: -

A parcela experimental foi bem preparada até obter um solo fino, através de lavouras e pranchas repetidas para obter um solo fino. Todas as ervas daninhas, gramíneas/resíduos de plantas e outros materiais foram removidos do campo.

3.5 APLICAÇÃO DE ADUBOS ORGÂNICOS E BIOFERTILIZANTES: -

3.6.1 Aplicação de adubos orgânicos

Os adubos orgânicos (esterco de curral, vermicomposto, esterco de aves e torta de nim) foram aplicados quinze dias antes do plantio das mudas. De acordo com as combinações de tratamento, as quantidades calculadas de adubos orgânicos foram aplicadas nas parcelas experimentais.

3.6.2 Aplicação de biofertilizantes

Foram utilizados biofertilizantes *(Azotobacter)* e PSB (bactérias solubilizadoras de fósforo) no campo experimental para cumprir a dose recomendada de biofertilizantes. A quantidade calculada de biofertilizantes foi aplicada antes da cobertura morta dos canteiros de acordo com várias combinações de tratamento.

3.7. Criação de viveiros: -

As sementes foram tratadas com Bavistin @ 2,5 g/kg de sementes antes de serem semeadas na cama do viveiro. As sementes tratadas foram semeadas numa cama elevada bem preparada, abrindo sulcos em miniatura a uma distância de 5 cm. Depois de semear a necessidade em sulcos em miniatura, uma leve película de estrume de quintal bem podre (FYM) foi espalhada sobre eles, depois de cobrir as sementes, uma leve irrigação foi dada com a ajuda de aspersor com cana rosa e as camas foram cobertas com palha de arroz. Logo após o início da germinação das sementes, a palha de arroz foi removida dos canteiros e, depois disso, a humidade adequada foi mantida com a ajuda de irrigação ligeira.

3.8 TRATAMENTO DAS PLÂNTULAS: -

As plântulas foram inoculadas com biofertilizantes antes de serem plantadas no campo. Os inoculados foram preparados misturando bem os biofertilizantes, o jarro e a água num balde e colocados num local fresco. As raízes das plântulas foram então mergulhadas nesta mistura durante 3-5 minutos para que as raízes recebessem os inóculos. As plântulas tratadas foram então transplantadas para o campo.

3.9 PLANTAÇÃO DE MUDAS: -

Plântulas de couve com 3-4 folhas totalmente abertas foram plantadas num campo de 1,8 m x 1,0 m, a uma distância de 60 cm x 45 cm, com a ajuda de um khurpi. As plântulas foram colocadas no meio de receção a uma profundidade tal que a coroa permaneceu exposta mas todas as raízes foram completamente enterradas. Após a plantação, as plantas foram regadas.

3.10 Pormenores experimentais: -

A disposição do campo experimental foi estabelecida num esquema de blocos aleatórios com 10 tratamentos. Estes tratamentos foram distribuídos em três repetições com um número total de parcelas. Os pormenores da disposição são apresentados da seguinte forma

3.10.1 Quadro: - Pormenores do plano experimental e de implantação:

Crop	Cabbage
Variety	Golden Acre
Design	Randomized Block Design
Treatment	10
Replication	3
Total number of plots	30
Spacing	60 cm x 45 cm
Plot size	1.8 m x 1.0 m
Total field area	19 m x 10.70 m
Row to row distance	60 cm
Plant to plant distance	45 cm
Plant per plot	9
Season	Rabi

3.10.2 Quadro: - Pormenores dos tratamentos

Symbol	Treatments
T_1	Farm Yard Manure (FYM)
T_2	Vermicompost
T_3	Poultry Manure
T_4	Neem Cake
T_5	*Azotobacter*
T_6	PSB (phosphorus solublizing bacteria)
T_7	FYM + *Azotobacter* + PSB
T_8	Vermicompost + *Azotobacter* + PSB
T_9	Poultry Manure + *Azotobacter* + PSB
T_{10}	Neem Cake + *Azotobacter* + PSB

3.10.3 Adubos e fertilizantes

Components	Treatments	Doses
Organic Manures	Farm Yard Manure (FYM)	20 t/ha.
	Vermicompost	10 t/ha.
	Poultry Manure	05 t/ha.
	Neem Cake	2.5t/ha.
Bio-fertilizers	*Azotobacter*	04 kg/ha.
	PSB (phosphorus solublizing bacteria)	05 kg/ha.

3.11 Operações interculturais: -

Para manter a planta em pé, bem como o seu crescimento satisfatório, foram feitas mondas e sachas e o solo à volta do tronco da planta foi pulverizado para um crescimento rápido das raízes.

3.11.1 Monda e sacha

A monda e a sacha foram efectuadas manualmente com a ajuda de um khurpi. É feito após uma irrigação ligeira para soltar o solo, o que facilita a monda e a sacha. A monda foi feita para manter as parcelas limpas, pulverizadas e adequadamente arejadas. A primeira monda foi feita após 30 dias de transplante, a segunda após 50 dias de transplante e mais tarde como e quando necessário.

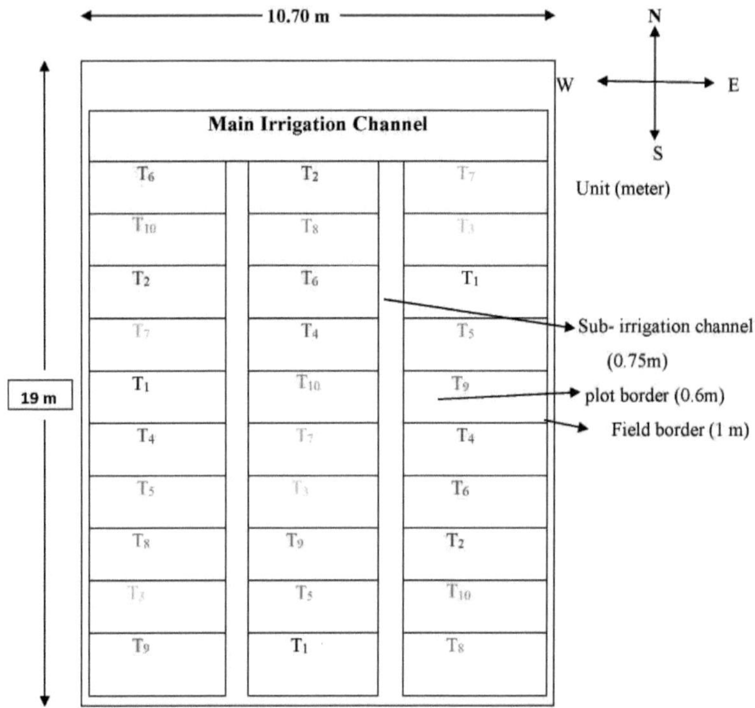

3.10.4 Plano de implantação da parcela experimental

3.11.2 Irrigação:

As parcelas foram irrigadas logo após a transplantação das plântulas, tendo sido efectuadas cinco irrigações durante todo o período de cultivo.

3.11.3 Preenchimento de lacunas:

Após uma semana, procedeu-se ao preenchimento do intervalo de tempo, a fim de manter a população de plantas uniforme.

3.11.4 Gestão da doença:

Foram efectuadas duas pulverizações preventivas de Dithane M-45 (0,03%) contra doenças.

3.11.5 Gestão das pragas:

Foram feitas duas pulverizações preventivas de Rogor (0,03%) contra os insectos. Estudo de técnicas: Na experiência de campo, foi impossível ter um estudo detalhado das plantas, uma vez que todas as plantas estavam a aproveitar as mesmas oportunidades e facilidades para o seu crescimento e desenvolvimento, portanto, entre a população total de plantas da parcela.

3.12 OBSERVAÇÕES REGISTADAS: -

As observações foram registadas em cinco plantas selecionadas aleatoriamente de cada tratamento para avaliar o efeito do estrume orgânico e do biofertilizante no crescimento, no rendimento e nos constituintes de qualidade da couve.

3.12.1 Parâmetros de crescimento

1. Altura da planta (cm)
2. Espalhamento da planta (cm)
3. Perímetro do caule da planta (cm)
4. Início da cabeça (dias)
5. Maturidade da cabeça (dias)
6. Perímetro da cabeça (cm)

3.12.2 Parâmetros de rendimento

1. Peso líquido da cabeça (g)
2. Rendimento de cabeças por parcela (kg)
3. Rendimento por hectare (q)

3.12.3 Parâmetros de qualidade

1. Permanência da cabeça (dias)
2. Auto-vida (dias)
3. Sólido Solúvel Total (^{0} Brix)

3.12.1 Parâmetros de crescimento
3.12.1.1 Altura da planta (cm):
A altura da planta foi medida na altura da colheita. Foi registada desde o nível do solo até à ponta da folha maior, com a ajuda de uma escala métrica, aos 20, 40, 60 e 80 DAT. A soma da altura de cinco plantas marcadas foi dividida por três para obter a altura média da planta em centímetros.

3.12.1.2 Espalhamento da planta (cm):
As plantas foram levadas para medir a dispersão da planta com a ajuda de uma balança aos 20, 40, 60 e 80 DAT. O total acumulado da dispersão de três plantas marcadas foi calculado como média e apresentado como dispersão média da planta em centímetros.

3.12.1.3 Perímetro do caule da planta (cm):
Em primeiro lugar, a circunferência do caule é medida após a transplantação com a ajuda de um fio a 3 cm acima do nível do solo. Em seguida, calcula-se matematicamente o perímetro do caule da planta.

3.12.1.4 Início da cabeça (dias):
O período de iniciação da cabeça foi considerado pela contagem do número de dias após a transplantação até à iniciação da cabeça.

3.12.1.5 Maturidade da cabeça (dias):
O período de maturação da cabeça refere-se à data em que as cabeças atingiram a maturidade comestível e o tamanho adequado, com boa compacidade e cor verde após o transplante; este foi avaliado como o estádio ideal de comercialização.

3.12.1.6 Perímetro da cabeça (cm):
Na maturidade adequada, o diâmetro de três plantas marcadas foi medido com a ajuda de uma escala de metros e a média das três curas foi apresentada em centímetros.

3.12.2 Parâmetros de rendimento
3.12.2.1 Peso líquido da cabeça (g):
A cultura foi colhida na maturidade correta. O peso líquido das cabeças de cinco plantas etiquetadas com folhas e caules de cabaça foi pesado e o peso médio por cabeça foi calculado em gramas.

3.12.2.2 Rendimento de cabeças por parcela (kg):
O peso total das cabeças produzidas em cada parcela de rede foi pesado. As plantas são colhidas de tempos a tempos em cada tratamento e pesadas as cabeças e as folhas de cabaça por parcela. O valor obtido em cada parcela foi convertido em kg por parcela.

3.12.2.3 Rendimento por hectare (q):

Todas as plantas foram colhidas de cada vez em cada tratamento e pesadas as cabeças e as folhas de cabaça por parcela. Os valores obtidos em cada parcela foram convertidos em quintais por hectare.

3.12.3 Parâmetros de qualidade
3.12.3.1 Capacidade de permanência da cabeça (dias):

As cabeças colhidas de cada um dos tratamentos foram mantidas à temperatura ambiente; contou-se e calculou-se a média do número de dias necessários para que as cabeças ultrapassassem a fase comercializável devido ao encolhimento e à determinação fisiológica da forma, do tamanho e da cor, até ficarem impróprias para consumo.

3.12.3.2 Auto-vida (dias):

Após a colheita da cabeça de couve de cada parcela. A cabeça foi colocada à temperatura ambiente e registou-se o tempo de vida da cabeça em cinco cabeças selecionadas.

3.12.3.3 Teor de sólidos solúveis totais (SST) da cabeça (^{0} Brix):

A T.S.S. da amostra de fruta foi determinada por um refratómetro manual e as correcções na leitura do refratómetro foram feitas utilizando a tabela de correção da temperatura para a leitura do refratómetro.

3.13 ANÁLISE ESTATÍSTICA: -

Os dados registados durante o inquérito foram submetidos à análise estatística descrita por Panse e Sukhatme (1985). O efeito significativo do tratamento foi avaliado com a ajuda da tabela 'F' (razão de variância). As diferenças significativas entre as médias foram testadas em relação à diferença crítica ao nível de 5% de probabilidade. Para testar a hipótese, foi utilizada a tabela ANOVA.

3.13.1. Análise de variância:

Foi efectuada uma análise de variância para todos os tratamentos no sistema de blocos aleatórios (RBD). Para testar a hipótese, foi utilizada a seguinte tabela ANOVA.

3.13.1. Tabela ANOVA

Sr. No.	Source of variation	d.f.	Sum of squares	Mean of squares	F (value)	
					F.cal	F.tab.at 5%
1	Replication	$(r-1)$	SSR	$\dfrac{SSR}{SSR\,(r-1)}$	$\dfrac{MSSR}{MESS}$	F (r-1)
2	Treatment	$(t-1)$	SSTr	$\dfrac{MSSTr}{SSTr\,(t-1)}$	$\dfrac{MSSTr}{MESS}$	F (t-1)
3	Error	$(r-1)\,(t-1)$	SSE	$\dfrac{MESS}{sse(r-1)(t-1)}$	MSSE	F(r-1)(t-1)
	Total	$(rt-1)$	TSS	-	-	-

Where,

    d.f.   = Degree of freedom

r   =   Number of replications

t   =   Number of treatments

SS   =   Sum of squares

SSR   =   Sum of the square due to replications

SST   =   Sum of square due to treatments

SSE   =   Sum of the square due to error

MSSR   =   Mean sum of squares due to replication

MSSTr   =   Mean sum of squares due to treatments

$$SE\,(m) \pm = \frac{\sqrt{Me}}{r}$$

$$SE\,(D) \pm = \frac{\sqrt{2Me}}{r}$$

C.D. (5%) = SE (d) × t 0.05 error d.f.

A resposta de significância e não significância do tratamento de diferença foi testada com a ajuda do teste de razão de variância 'F'. O valor "F" calculado foi comparado com o valor "F" da tabela a níveis de significância de 5%. Se o valor calculado de "F" exceder o seu valor de tabela, a resposta foi considerada significativa. A diferença de significância entre as médias dos tratamentos foi testada utilizando a diferença crítica ao nível de 5% da tabela de significância.

CAPÍTULO 4: RESULTADOS EXPERIMENTAIS

A presente experiência foi realizada com o objetivo de estudar o **"Impacto de adubos orgânicos e biofertilizantes no crescimento, rendimento e qualidade da couve** *(Brassica oleracea* **L. var. capitata)** *cv.* **Golden Acre"** foi efectuado na Unidade Experimental, Departamento de Horticultura, Tilak Dhari Post Graduate College, Jaunpur. (U.P) durante a estação rabi do ano 2020-2021. Os dados de observação experimental registados periodicamente sobre os parâmetros de crescimento das plantas, os parâmetros de atribuição de rendimento e produtividade e os parâmetros de qualidade da couve sob 10 tratamentos foram submetidos a cálculo estatístico e são apresentados neste capítulo. Os resultados foram apresentados em diagramas adequados com base em valores médios.

4.1 Parâmetro de crescimento

Os parâmetros de crescimento da couve, tais como a altura da planta, a dispersão da planta, a maturidade da cabeça e os dias para 50% de iniciação da cabeça, foram analisados e apresentados a seguir.

4.1.1 Altura da planta:

Os dados médios sobre a altura da couve vegetal influenciada por adubos orgânicos e biofertilizantes são apresentados no Quadro 4.1.1. O gráfico é apresentado na fig. 4.1.1. A ANOVA apresentada na altura da planta da couve foi influenciada significativamente pelos diferentes tratamentos em cada fase das observações. Em todos estes tratamentos, a altura da planta aos 20 DAT (13,09 a 17,48 cm), aos 40 DAT (25,74 a 20,05 cm), aos 60 DAT (31,04 a 35,79 cm) e aos 80 DAT (37,08 a 41,77 cm).

A altura máxima da planta foi observada no tratamento T_8 (Vermicomposto + *Azotobacter* + PSB) 17,48 cm, seguido por T_{10} (Bolo de Neem + *Azotobacter* + PSB) 16,74 cm, T7 (FYM + *Azotobacter* + PSB) 16,32 cm e T_2 (Vermicomposto) 15,73 cm aos 20 DAT. A altura mínima da planta foi encontrada no tratamento T3 (Estrume de Aves) 13,09 cm.

Altura da planta aos 40 DAT máxima no tratamento T8 (Vermicomposto + *Azotobacter* + PSB) 25.74 cm, seguido por T_{10} (Bolo de Neem + *Azotobacter* + PSB) 25.19 cm, T7 (FYM + *Azotobacter* + PSB) 24.57 cm e T_2 (Vermicomposto) 24.28 cm. A altura mínima da planta foi encontrada no tratamento T3 (Estrume de Aves) 20,05 cm.

Altura da planta aos 60 DAT máxima no tratamento T_8 (Vermicomposto + *Azotobacter* + PSB) 35,79 cm, seguido de T_{10} (Bolo de Neem + *Azotobacter* + PSB) 35,43 cm, T7 (FYM +
~28~

Azotobacter + PSB) 34,60 cm e T_2 (Vermicomposto) 34,35 cm. A altura mínima da planta foi encontrada no tratamento T3 (Estrume de Aves) 31,04 cm.

Aos 80 DAT foi encontrado o máximo de 41,77 cm de aumento da altura da planta no tratamento T8 (Vermicomposto + *Azotobacter* + PSB) seguido por T_{10} (Bolo de Neem + *Azotobacter* + PSB) 41,41 cm, T7 (FYM + *Azotobacter* + PSB) 40,76 cm e T_2 (Vermicomposto) 40,30 cm. A altura mínima da planta foi encontrada no tratamento T3 (Estrume de Aves) 37,08 cm.

4.1.2 Espalhamento da planta (cm):
Os dados médios sobre o número de plantas de repolho influenciadas por adubos orgânicos e biofertilizantes são apresentados na Tabela 4.1.2. O gráfico é apresentado na fig. 4.1.2. A ANOVA apresentada na planta de couve foi influenciada significativamente pelos diferentes tratamentos em cada fase das observações. Em todos os tratamentos, a planta foi cortada aos 20 DAT (26,76 a 21,03 cm), aos 40 DAT (50,43 a 44,17 cm), aos 60 DAT (68,38 a 64,44 cm) e aos 80 DAT (76,83 a 71,26 cm).

O máximo de plantas cortadas foi observado no tratamento T8 (Vermicomposto + *Azotobacter* + PSB) 26.76 cm, seguido por T_{10} (Bolo de Neem + *Azotobacter* + PSB) 26.44 cm, T7 (FYM + *Azotobacter* + PSB) 25.64 cm e T_2 (Vermicomposto) 25.35 cm aos 20 DAT. A altura mínima da planta foi encontrada no tratamento T3 (Estrume de Aves) 21,03 cm.

A altura da planta aos 40 DAT foi máxima no tratamento T_8 (Vermicomposto + *Azotobacter* + PSB) 50,43 cm, seguido por T_{10} (Bolo de Neem + *Azotobacter* + PSB) 50,07 cm, T7 (FYM + *Azotobacter* + PSB) 49,53 cm e T_2 (Vermicomposto) 48,63 cm. A altura mínima da planta foi encontrada no tratamento T3 (Estrume de aves) 44,17 cm.

A altura da planta aos 60 DAT foi máxima no tratamento T_8 (Vermicomposto + *Azotobacter* + PSB) 68.38, seguido por T_{10} (Bolo de Neem + *Azotobacter* + PSB) 68.21 cm, T7 (FYM + *Azotobacter* + PSB) 67.75 cm e T_2 (Vermicomposto) 67.41 cm. O mínimo de plantas cortadas foi encontrado no tratamento T3 (Estrume de Aves) 64,44cm.

Aos 80 DAT foi encontrado o máximo de 76,83 cm de aumento da velocidade da planta no tratamento T8 (Vermicomposto + *Azotobacter* + PSB) seguido por T_{10} (Bolo de Neem + *Azotobacter* + PSB) 76,45 cm, T7 (FYM + *Azotobacter* + PSB) 75,66 cm e T_2 (Vermicomposto) 75,38 cm. O mínimo de plantas cortadas foi encontrado no tratamento T3 (Estrume de Aves) 71,26 cm.

Tabela 4.1.1 Impacto de adubos orgânicos e biofertilizantes na altura da planta (cm) aos 20, 40, 60 e 80 DAT em repolho.

Symbol	Treatment combinations	Height of Plant (cm)			
		20DAT	40DAT	60DAT	80DAT
T_1	Farm Yard Manure	13.82	21.37	32.40	38.07
T_2	Vermicompost	15.73	24.28	34.35	40.30
T_3	Poultry Manure	13.09	20.05	31.04	37.08
T_4	Neem Cake	14.83	23.45	33.34	39.23
T_5	*Azotobacter*	14.52	22.04	32.74	38.66
T_6	PSB (phosphorus solublizing bacteria)	13.37	21.16	31.15	37.36
T_7	FYM + *Azotobacter* + PSB	16.32	24.57	34.60	40.76
T_8	Vermicompost + *Azotobacter* + PSB	17.48	25.74	35.79	41.77
T_9	Poultry manure + *Azotobacter* + PSB	15.36	23.66	33.82	39.54
T_{10}	Neem Cake + *Azotobacter* + PSB	16.74	25.19	35.43	41.41
CD at 5%		**0.319**	**0.069**	**0.095**	**0.136**
SE (m)±		**0.106**	**0.023**	**0.032**	**0.045**

Quadro 4.1.2 Impacto dos adubos orgânicos e biofertilizantes na dispersão das plantas (cm) aos 20, 40, 60 e 80 DAT na couve.

Symbol	Treatment combinations	Spread of pant (cm)			
		20DAT	40DAT	60DAT	80DAT
T_1	Farm Yard Manure	22.66	45.64	65.04	73.25
T_2	Vermicompost	25.35	48.63	67.41	75.38
T_3	Poultry Manure	21.03	44.17	64.44	71.26
T_4	Neem Cake	24.11	47.64	66.34	74.46
T_5	*Azotobacter*	23.42	46.25	65.16	73.56
T_6	PSB (phosphorus solublizing bacteria)	21.22	45.16	64.85	72.13
T_7	FYM + *Azotobacter* + PSB	25.64	49.53	67.75	75.66
T_8	Vermicompost + *Azotobacter* + PSB	26.76	50.43	68.38	76.83
T_9	Poultry manure + *Azotobacter* + PSB	24.33	48.27	66.83	74.74
T_{10}	Neem Cake + *Azotobacter* + PSB	26.44	50.07	68.21	76.45
CD at 5%		**0.104**	**0.112**	**0.059**	**0.045**
SE (m) ±		**0.035**	**0.037**	**0.020**	**0.015**

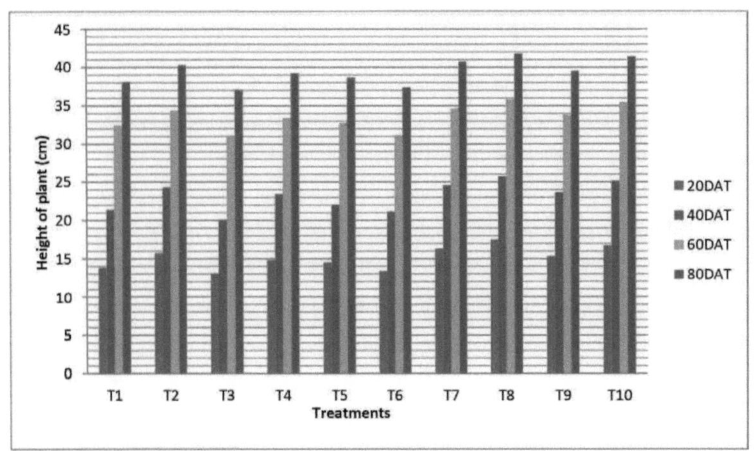

Fig. 4.1.1 Impacto dos adubos orgânicos e biofertilizantes na altura da planta (cm) aos 20, 40, 60 e 80 DAT na couve.

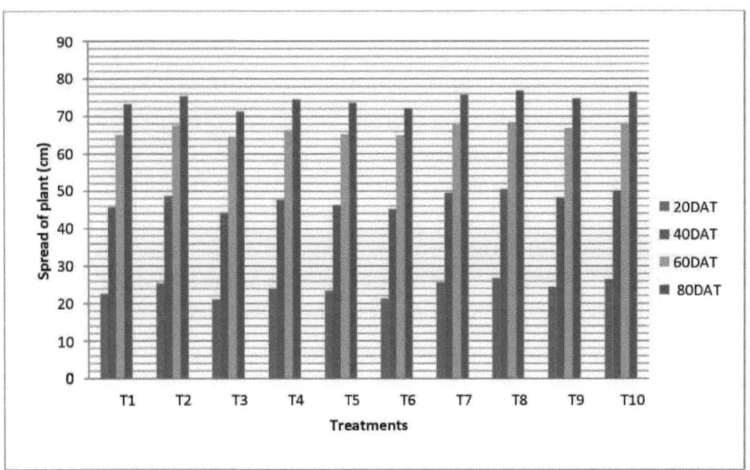

Fig. 4.1.2 Impacto dos adubos orgânicos e dos biofertilizantes na dispersão das plantas (cm) aos 20, 40, 60 e 80 DAT na couve.

4.1.3 Perímetro do caule da planta (cm):

Os dados médios sobre o perímetro do caule da planta de couve como influenciado por adubos orgânicos e biofertilizantes são apresentados na Tabela 4.1.3. Apresentados graficamente na fig. 4.1.3. A ANOVA, tal como é dada na circunferência do caule da planta de couve, foi influenciada significativamente devido aos diferentes tratamentos.

A circunferência máxima do caule da planta foi observada no tratamento T8 (Vermicomposto + *Azotobacter* + PSB) 8,43 cm, seguido por T_{10} (Bolo de Neem + *Azotobacter* + PSB) 8,18 cm, T7 (FYM + *Azotobacter* + PSB) 8,04 cm e T_2 (Vermicomposto) 7,82 cm na colheita. A circunferência mínima do caule da planta foi encontrada no tratamento T3 (Estrume de Aves) 6,37 cm.

4.1.4 Início da cabeça (dias):

É evidente no quadro 4.1.4 e representado na fig. 4.1.4 que o impacto dos adubos orgânicos e biofertilizantes no número de dias necessários para a iniciação da cabeça da couve *cv.* Golden Acre. Os resultados foram estatisticamente significativos no que respeita à iniciação da cabeça (dias).

Os dias mínimos de iniciação da cabeça da planta foram observados no tratamento T8 (Vermicomposto + *Azotobacter* + PSB) 38,74 dias, seguido por T_{10} (Bolo de Neem + *Azotobacter* + PSB) 39,42 dias, T7 (FYM + *Azotobacter* + PSB) 39,77 dias e T_2 (Vermicomposto) 40,09 dias. Os dias máximos de iniciação da cabeça da planta foram encontrados no tratamento T3 (Estrume de Aves) 41,88 dias.

4.1.5 Maturidade da cabeça (dias):

Os dados relacionados com os dias até à maturidade da cabeça são registados e claramente apresentados no quadro 4.1.5 e graficamente apresentados na fig. 4.1.5. A análise dos dados no quadro apresentado revela claramente que os tratamentos diferem significativamente entre si.

O mínimo de dias de maturação da cabeça da planta foi observado no tratamento T8 (Vermicomposto + *Azotobacter* + PSB) 67,14 dias, seguido por T_{10} (Bolo de Neem + *Azotobacter* + PSB) 68,47 dias, T7 (FYM + *Azotobacter* + PSB) 69,53 dias e T_2 (Vermicomposto) 70,17 dias. Os dias máximos de maturação da cabeça da planta foram encontrados no tratamento T3 (Estrume de Aves) 73,04 dias.

Quadro 4.1.3 Impacto dos adubos orgânicos e dos biofertilizantes no perímetro do caule da planta (cm) em couve.

Symbol	Treatment combinations	Mean
T_1	Farm Yard Manure	6.88
T_2	Vermicompost	7.82
T_3	Poultry Manure	6.37
T_4	Neem Cake	7.41
T_5	*Azotobacter*	7.18
T_6	PSB (phosphorus solublizing bacteria)	6.65
T_7	FYM + *Azotobacter* + PSB	8.04
T_8	Vermicompost + *Azotobacter* + PSB	8.43
T_9	Poultry manure + *Azotobacter* + PSB	7.59
T_{10}	Neem Cake + *Azotobacter* + PSB	8.18
CD at 5%		**0.050**
SE(m) ±		**0.017**

Quadro 4.1.4 Impacto dos adubos orgânicos e biofertilizantes na iniciação da cabeça (dias) em couve.

Symbol	Treatment combinations	Mean
T_1	Farm Yard Manure	41.21
T_2	Vermicompost	40.09
T_3	Poultry Manure	41.88
T_4	Neem Cake	40.44
T_5	*Azotobacter*	40.88
T_6	PSB (phosphorus solublizing bacteria)	41.51
T_7	FYM + *Azotobacter* + PSB	39.77
T_8	Vermicompost + *Azotobacter* + PSB	38.74
T_9	Poultry manure + *Azotobacter* + PSB	40.25
T_{10}	Neem Cake + *Azotobacter* + PSB	39.42
CD at 5%		**0.041**
SE(m) ±		**0.014**

Quadro 4.1.5 Impacto dos adubos orgânicos e biofertilizantes na maturidade da cabeça (dias) da couve.

Symbol	Treatment combinations	Mean
T₁	Farm Yard Manure	72.39
T₂	Vermicompost	70.17
T₃	Poultry Manure	73.04
T₄	Neem Cake	71.16
T₅	*Azotobacter*	71.37
T₆	PSB (phosphorus solublizing bacteria)	72.73
T₇	FYM + *Azotobacter* + PSB	69.53
T₈	Vermicompost + *Azotobacter* + PSB	67.14
T₉	Poultry manure + *Azotobacter* + PSB	70.60
T₁₀	Neem Cake + *Azotobacter* + PSB	68.47
CD at 5%		**0.184**
SE (m) ±		**0.061**

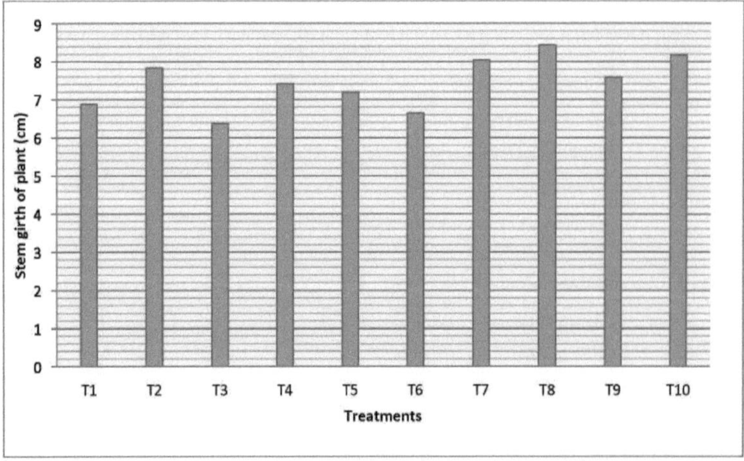

Fig. 4.1.3 Impacto dos adubos orgânicos e dos biofertilizantes no perímetro do caule da planta (cm) em couve.

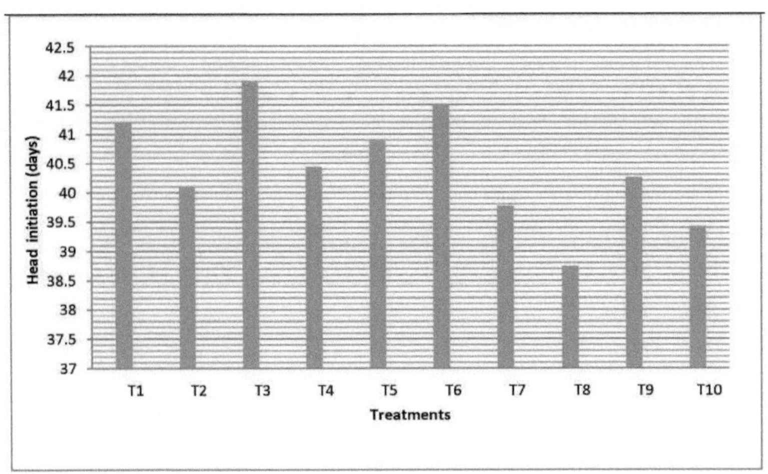

Fig. 4.1.4 Impacto de adubos orgânicos e biofertilizantes na iniciação da cabeça (dias) em repolho.

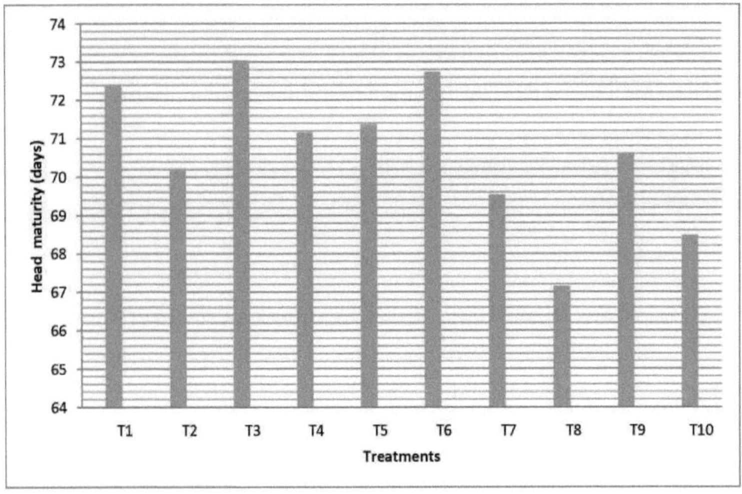

Fig. 4.1.5 Impacto dos adubos orgânicos e biofertilizantes na maturidade da cabeça (dias) da couve.

4.1.6   Perímetro da cabeça (cm):

O perímetro da cabeça (cm) da couve foi medido e os dados após análise estatística são apresentados no Quadro 4.1.6 e exibidos na Fig.4.1.6. O perímetro da cabeça foi significativamente influenciado pelos vários tratamentos.

É evidente a partir dos dados que o perímetro da cabeça foi encontrado no máximo (24,55 cm) a partir de T8 (Vermicomposto + *Azotobacter* + PSB), seguido por T_{10} (Bolo de Neem + *Azotobacter* + PSB) 23,38 cm, T_7 (FYM + *Azotobacter* + PSB) 22,44 cm e depois T_2 (Vermicomposto) 21,49cm. O perímetro mínimo da cabeça do repolho foi encontrado no tratamento T3 (estrume de aves) 15,17 cm.

4.2   Parâmetros de rendimento
4.2.1.   Peso líquido da cabeça (g):
O peso líquido da cabeça da couve foi medido e os dados após análise estatística são apresentados no Quadro 4.2.1 e exibidos na Fig. 4.2.1. O peso líquido da cabeça foi significativamente influenciado pelos vários tratamentos.

É evidente a partir dos dados que o peso líquido da cabeça foi encontrado no máximo (1527,86 g) a partir de T8 (Vermicomposto + *Azotobacter* + PSB), seguido de T_{10} (Bolo de Neem + *Azotobacter* + PSB) 1465,33 g, T7 (FYM + *Azotobacter* + PSB) 1362,42 g e depois T_2 (Vermicomposto) 1248,00 g. O peso líquido mínimo da cabeça de repolho foi encontrado no tratamento T3 (estrume de aves) 643,75 g.

4.2.2.   Rendimento de cabeças por parcela (kg)
Após a colheita, foi registada a cabeça por parcela (kg) de couve sob diferentes tratamentos e os resultados são apresentados no quadro 4.2.2 e a apresentação gráfica é mostrada na figura
4 .2.2.

O rendimento de cabeça por parcela foi encontrado no máximo (13,74) kg de T8 (Vermicomposto + *Azotobacter* + PSB), seguido por T_{10} (Bolo de Neem + *Azotobacter* + PSB) 13,18 kg, T7 (FYM + *Azotobacter* + PSB) 12,25 kg e depois T_2 (Vermicomposto) 11,22 kg. A produção mínima de cabeças por parcela (kg) de repolho foi encontrada no tratamento T3 (estrume de aves) 5,79 kg.

Quadro 4.1.6. Impacto dos adubos orgânicos e biofertilizantes no perímetro da cabeça (cm) da couve.

Symbol	Treatment combinations	Mean
T_1	Farm Yard Manure	17.39
T_2	Vermicompost	21.49
T_3	Poultry Manure	15.17
T_4	Neem Cake	19.10
T_5	*Azotobacter*	18.63
T_6	PSB (phosphorus solublizing bacteria)	16.53
T_7	FYM + *Azotobacter* + PSB	22.44
T_8	Vermicompost + *Azotobacter* + PSB	24.55
T_9	Poultry manure + *Azotobacter* + PSB	20.31
T_{10}	Neem Cake + *Azotobacter* + PSB	23.38
CD at 5%		**0.189**
SE (m) ±		**0.063**

Quadro 4.2.1 Impacto dos adubos orgânicos e biofertilizantes no peso líquido da cabeça (g) da couve.

Symbol	Treatment combinations	Mean
T_1	Farm Yard Manure	829.24
T_2	Vermicompost	1248.00
T_3	Poultry Manure	643.75
T_4	Neem Cake	1064.85
T_5	*Azotobacter*	950.66
T_6	PSB (phosphorus solublizing bacteria)	735.58
T_7	FYM + *Azotobacter* + PSB	1362.42
T_8	Vermicompost + *Azotobacter* + PSB	1527.86
T_9	Poultry manure + Azotobacter + PSB	1143.54
T_{10}	Neem Cake + *Azotobacter* + PSB	1465.33
CD at 5%		**32.298**
SE (m) ±		**10.787**

Quadro 4.2.2 Impacto dos adubos orgânicos e biofertilizantes no rendimento de cabeça por parcela (kg) em couve.

Symbol	Treatment combinations	Mean
T_1	Farm Yard Manure	7.46
T_2	Vermicompost	11.22
T_3	Poultry Manure	5.79
T_4	Neem Cake	9.58
T_5	*Azotobacter*	8.55
T_6	PSB (phosphorus solublizing bacteria)	6.61
T_7	FYM + *Azotobacter* + PSB	12.25
T_8	Vermicompost + *Azotobacter* + PSB	13.74
T_9	Poultry manure + Azotobacter + PSB	10.29
T_{10}	Neem Cake + *Azotobacter* + PSB	13.18
CD at 5%		**0.289**
SE (m) ±		**0.097**

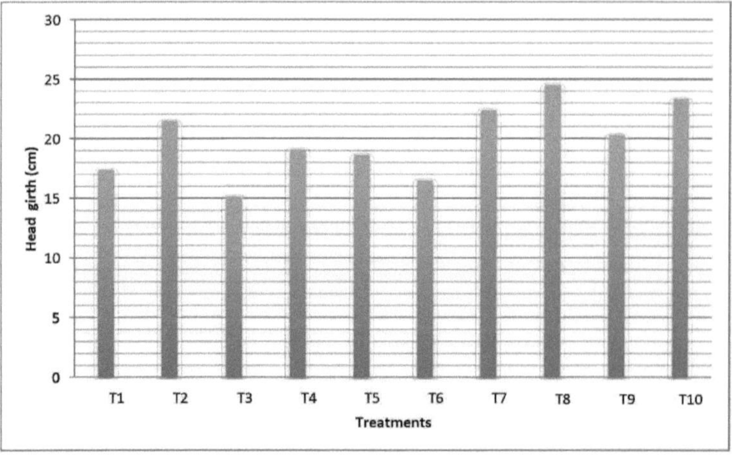

Fig. 4.1.6 Impacto dos adubos orgânicos e biofertilizantes no perímetro da cabeça (cm) da couve.

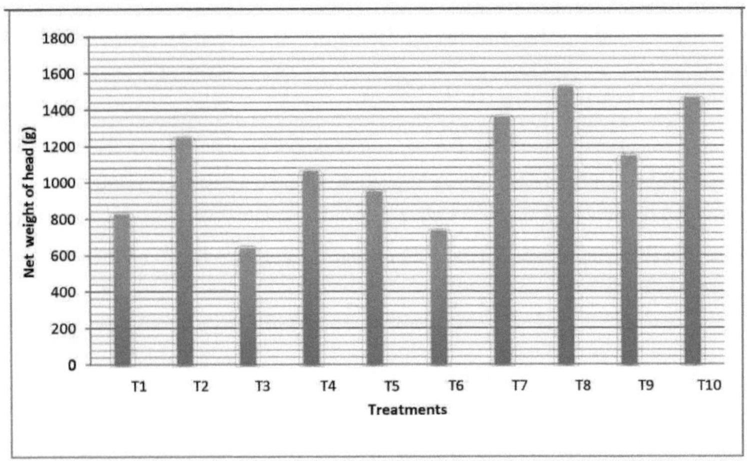

Fig. 4.2.1 Impacto dos adubos orgânicos e dos biofertilizantes no peso líquido da cabeça (g) da couve.

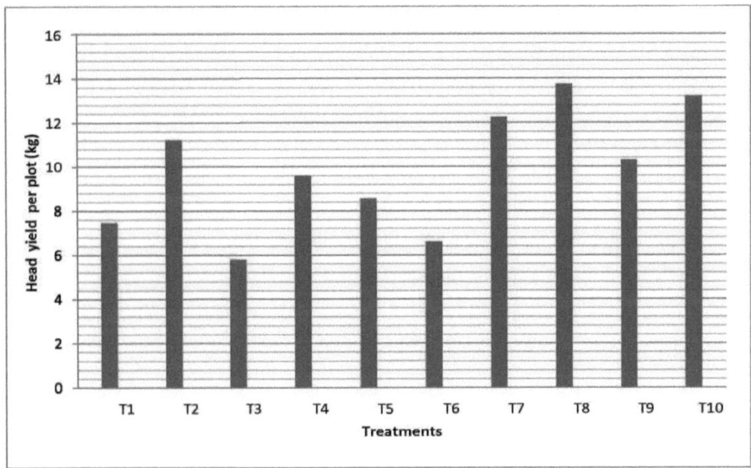

Fig. 4.2.2 Impacto dos adubos orgânicos e biofertilizantes na produção de cabeças por parcela (kg) em couve.

4.2.3 Rendimento por hectare (q):

Após a colheita, foi registada a produção por hectare (q) de couve sob diferentes tratamentos e os resultados são apresentados no quadro 4.2.3 e a apresentação gráfica é mostrada na fig. 4.2.3.

O rendimento de cabeças por ha. (q) foi encontrado no máximo 687,16 q de T_8 (Vermicomposto + *Azotobacter* + PSB), seguido de T_{10} (Bolo de Neem + *Azotobacter* + PSB) 659,16 q, T7 (FYM + *Azotobacter* + PSB) 612,83 q e depois T_2 (Vermicomposto) 560,33 q. O rendimento mínimo de cabeças por ha. q foi encontrado no tratamento T3 (estrume de aves de capoeira) 289,50 q.

4.3 Parâmetro de qualidade
4.3.1 Permanência da cabeça (dias):

Os dados apresentados no quadro 4.3.1 e ilustrados na fig. 4.3.1 mostram diferenças significativas entre os tratamentos e a sua influência na qualidade de conservação da cabeça de couve em condições ambientais.

A permanência da cabeça (dias) foi encontrada no máximo 10,94 dias de T_8 (Vermicomposto + *Azotobacter* + PSB), seguido por T_{10} (Bolo de Neem + *Azotobacter* + PSB) 10,83 dias, T7 (FYM + *Azotobacter* + PSB) 10,64 e depois T_2 (Vermicomposto) 10,46 dias. A permanência mínima da cabeça foi encontrada no tratamento T3 (estrume de aves) 8,61 dias.

4.3.2 Auto-vida (dias)

A auto-vida da couve foi influenciada pelos diferentes tratamentos, tal como apresentado no quadro 4.3.2 e ilustrado esquematicamente na figura 4.3.2.

A auto-vida (dias) foi registada significativamente no tratamento T8 (Vermicomposto + *Azotobacter* + PSB), seguido de T_{10} (Bolo de Neem + *Azotobacter* + PSB) 12,45, T7 (FYM + *Azotobacter* + PSB) 11,78 e depois T_2 (Vermicomposto) 11,37. A auto-vida mínima da cabeça foi encontrada no tratamento T3 (estrume de aves) 9,08 (dias).

Quadro 4.2.3 Impacto dos adubos orgânicos e biofertilizantes no rendimento de cabeças por ha. (q) em couve.

Symbol	Treatment combinations	Mean
T_1	Farm Yard Manure	373.00
T_2	Vermicompost	560.33
T_3	Poultry Manure	289.50
T_4	Neem Cake	475.66
T_5	*Azotobacter*	427.40
T_6	PSB (phosphorus solublizing bacteria)	330.83
T_7	FYM + *Azotobacter* + PSB	612.83
T_8	Vermicompost + *Azotobacter* + PSB	687.16
T_9	Poultry manure + *Azotobacter* + PSB	514.50
T_{10}	Neem Cake + *Azotobacter* + PSB	659.16
CD at 5%		**66.196**
SE (m) ±		**22.108**

Quadro 4.3.1 Impacto dos adubos orgânicos e dos biofertilizantes na permanência das cabeças (dias) da couve.

Symbol	Treatment combinations	Mean
T_1	Farm Yard Manure	9.13
T_2	Vermicompost	10.46
T_3	Poultry Manure	8.61
T_4	Neem Cake	9.54
T_5	*Azotobacter*	9.34
T_6	PSB (phosphorus solublizing bacteria)	8.83
T_7	FYM + *Azotobacter* + PSB	10.64
T_8	Vermicompost + *Azotobacter* + PSB	10.94
T_9	Poultry manure + *Azotobacter* + PSB	9.74
T_{10}	Neem Cake + *Azotobacter* + PSB	10.83
CD at 5%		**0.049**
SE (m) ±		**0.017**

Quadro 4.3.2 Impacto dos adubos orgânicos e biofertilizantes no tempo de vida (dias) da couve.

Symbol	Treatment combinations	Mean
T$_1$	Farm Yard Manure	9.65
T$_2$	Vermicompost	11.37
T$_3$	Poultry Manure	9.08
T$_4$	Neem Cake	10.06
T$_5$	*Azotobacter*	9.82
T$_6$	PSB (phosphorus solublizing bacteria)	9.34
T$_7$	FYM + *Azotobacter* + PSB	11.78
T$_8$	Vermicompost + *Azotobacter* + PSB	12.83
T$_9$	Poultry manure + *Azotobacter* + PSB	10.57
T$_{10}$	Neem Cake + *Azotobacter* + PSB	12.45
CD at 5%		0.159
SE (m) ±		0.053

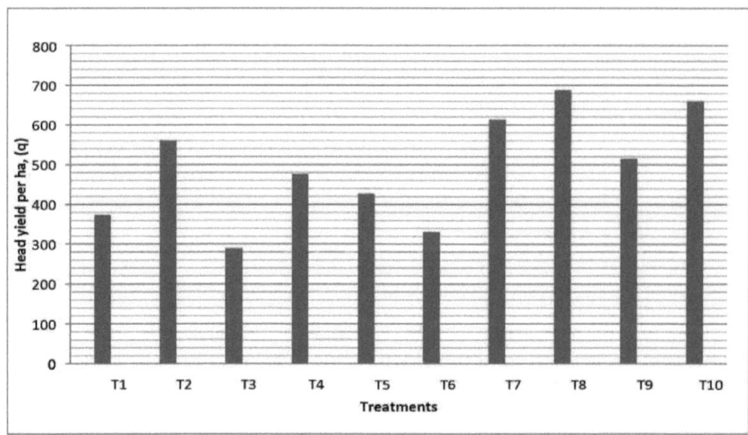

Fig. 4.2.3 Impacto dos adubos orgânicos e biofertilizantes no rendimento de cabeças por ha. (q) em couve.

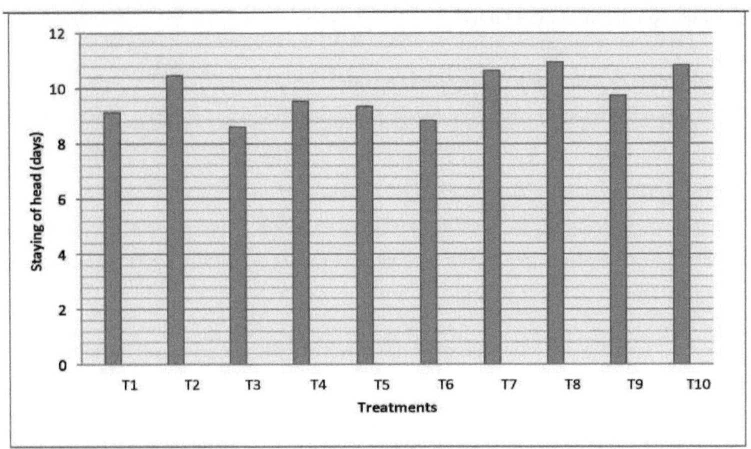

Fig 4.3.1 Impacto dos adubos orgânicos e biofertilizantes na permanência das cabeças (dias) da couve.

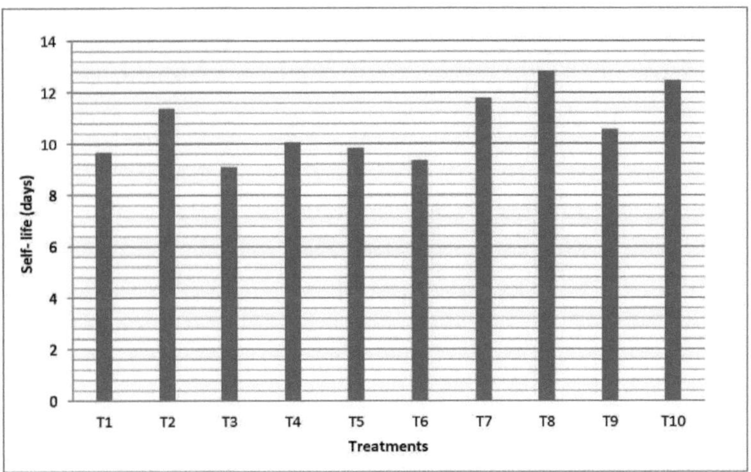

Fig 4.3.2 Impacto dos adubos orgânicos e biofertilizantes no tempo de vida (dias) da couve.

4.3.3 Sólido solúvel total (SST) Brix^0

Os dados relativos ao T.S.S. na Tabela 4.3.3 e representados na fig. 4.3.3 mostraram que as diferenças de tratamento foram significativas.

O máximo de S.S.T. (^{0} Brix) foi considerado significativamente mais alto no tratamento T8 (Vermicomposto + *Azotobacter* + PSB), seguido por T10 (Bolo de Neem + *Azotobacter* + PSB) 6.72^0 Brix, T$_7$ (FYM + *Azotobacter* + PSB) 6.57^0 Brix e depois T$_2$ (Vermicomposto) 6.43^0 Brix. O mínimo de sólidos solúveis totais foi encontrado no tratamento T3 (estrume de aves) 4,57^0 Brix.

Quadro 4.3.3 Impacto dos adubos orgânicos e dos biofertilizantes nos sólidos solúveis totais T.S.S (^{0} Brix) na couve.

Symbol	Treatment combinations	Mean
T$_1$	Farm Yard Manure	5.30
T$_2$	Vermicompost	6.43
T$_3$	Poultry Manure	4.57
T$_4$	Neem Cake	5.89
T$_5$	*Azotobacter*	5.63
T$_6$	PSB (phosphorus solublizing bacteria)	4.77
T$_7$	FYM + *Azotobacter* + PSB	6.57
T$_8$	Vermicompost + *Azotobacter* + PSB	6.91
T$_9$	Poultry manure + *Azotobacter* + PSB	6.20
T$_{10}$	Neem Cake + *Azotobacter* + PSB	6.72
CD at 5%		0.082
SE (m) ±		0.027

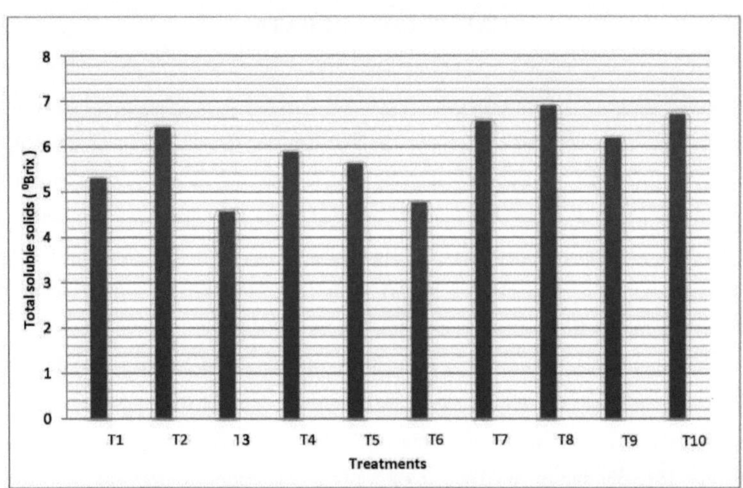

Fig. 4.3.3 Impacto dos adubos orgânicos e dos biofertilizantes nos sólidos solúveis totais T.S.S (^{0} Brix) na couve.

CAPÍTULO 5: DEBATE

A couve é uma importante planta hortícola, rica em vitaminas e minerais e com um sabor delicado, que se está a tornar uma das culturas hortícolas favoritas de milhões de pessoas em todo o mundo. Trata-se de uma das poucas culturas hortícolas que proporciona rendimentos mais rápidos e elevados por unidade de superfície. Por conseguinte, é importante aumentar o rendimento e a qualidade da couve. Tendo isto em conta, a presente investigação foi conduzida na Unidade Experimental, Departamento de Horticultura, Tilak Dhari Post Graduate College, Jaunpur para estudar o **"Impacto dos adubos orgânicos e biofertilizantes no crescimento, rendimento e qualidade da couve"** durante o ano de 2019-2021.

O impacto dos tratamentos com adubos orgânicos e biofertilizantes em diferentes parâmetros de crescimento (altura da planta (cm), dispersão da planta (cm), perímetro do caule da planta (cm), início da cabeça (dias), maturidade da cabeça (dias), perímetro da cabeça (cm). parâmetros de rendimento (peso líquido da cabeça (g), rendimento da cabeça por parcela (kg), rendimento da cabeça por ha.). Parâmetros de qualidade (permanência da cabeça (dias), vida útil (dias), sólidos solúveis totais (SST)^0 Brix.

Os resultados obtidos com a investigação descrita no ponto anterior foram aqui discutidos à luz da informação disponível sobre o tema.

5.1 PARÂMETROS DE CRESCIMENTO

O vermicomposto com *Azotobacter* e PSB (bactérias solublizadoras de fósforo) mostrou um efeito pronunciado nos parâmetros de crescimento da couve.

Com base na presente investigação, é relatado que a altura da planta, a dispersão da planta (cm), o perímetro do caule da planta (cm), a iniciação da cabeça (dias), a maturidade da cabeça (dias), o perímetro da cabeça (cm) aumentaram significativamente com a utilização de adubos orgânicos e biofertilizantes. A altura máxima da planta, a dispersão da planta e a circunferência do caule foram obtidas em T8 (Vermicomposto + *Azotobacter* + PSB) e a iniciação da cabeça (dias) e a maturidade da cabeça (dias) também são superiores em T8 (Vermicomposto + *Azotobacter* + PSB).

O aumento do crescimento vegetativo e de outros parâmetros pode dever-se à produção de mais clorofila nas folhas devido à inoculação de fixadores de azoto. Outra razão para o aumento do crescimento vegetativo pode ter sido a produção de reguladores de crescimento vegetal por microorganismos na *rizosfera*. O aumento do crescimento vegetativo é atribuído ao aumento da fixação biológica de azoto. O melhor desenvolvimento do sistema radicular, possivelmente através da síntese de hormonas de crescimento vegetal como IAA, GA e citocininas (Martinez *et al.*, 2001) e a influência direta de biofertilizantes (Gajbhiye *et al.*, 2003) podem ter causado parâmetros mais elevados.

Aos 20, 40, 60 e 80 DAT, a altura máxima da planta em T_8 (Vermicomposto + *Azotobacter* + PSB) foi de 17,48 cm, 25,74 cm, 35,79 cm e 41,77 cm, respetivamente. Estes resultados são semelhantes aos de Bahadur *et al.* (2003), Gupta e Samnotra (2004), Singh e Singh (2006).

Aos 20, 40, 60 e 80 DAT a propagação da planta (cm) foi máxima em T_8 (Vermicomposto + *Azotobacter* + PSB) 26,76 cm, 50,43cm, 68,38 cm e 76,83 cm, respetivamente. O resultado semelhante foi apoiado por Bahadur *et al.* (2003), Anant *et al.* (2004) e Merentola *et al* (2012).

A circunferência máxima do caule no momento da colheita em T8 (Vermicomposto + *Azotobacter* + PSB) foi de 8,43 cm. O resultado semelhante foi apoiado por Mhaske *et al.* (2011) e Yadav *et al.* (2012).

O mínimo de dias de iniciação da cabeça da planta foi observado no tratamento T8 (Vermicomposto + *Azotobacter* + PSB) 38,74. Semelhante a Yadav *et al.* (2012), Mhaske *et al.* (2011) e Khare e Singh (2008).

O mínimo de dias de maturação da cabeça da planta foi observado no tratamento T8 (Vermicomposto + *Azotobacter* + PSB) 67,14. Semelhante a Singh e Singh (2005), Akbar *et al.* (2009) e Yadav *et al.* (2012).

O perímetro máximo da cabeça foi encontrado no máximo (24,55 cm) em T8 (Vermicomposto + *Azotobacter* + PSB). O mesmo que Anant *et al.* (2004), Akbar et al. (2009) e Yadav *et al.* (2012)

5.2 PARÂMETROS DE RENDIMENTO

O peso líquido da cabeça foi encontrado no máximo 1527,86 g de T8 (Vermicomposto + *Azotobacter* + PSB), Shree *et al.* (2014), Chatterjee (2010) e Pramod Kumar e Singh (2009) também encontraram estes resultados.

O rendimento da cabeça por parcela de repolho sob diferentes tratamentos foi registado em cada parcela e o seu resultado foi apresentado no máximo (13,74) kg em T8 (Vermicomposto + *Azotobacter* + PSB). Estes resultados relativos ao rendimento total estão de acordo com os resultados de Shree *et al.* (2014), Devi *et al.* (2017), Pramod Kumar e Singh (2009), Akbar *et al.* (2009) e Singh e Singh (2005).

O rendimento de cabeças por hectare (q) foi encontrado no máximo 687,16 em T8 (Vermicomposto + *Azotobacter* + PSB), Devi (2003), Bijaya Devi e Roy (2004), Bahadur *et al.* (2006), Pandey *et al.* (2007) e Khare e Singh (2008).

5.3 PARÂMETROS DE QUALIDADE

A qualidade da couve apresenta diferenças significativas entre os tratamentos. A permanência da cabeça (dias) foi encontrada no máximo 10,94 dias em T8 (Vermicomposto + *Azotobacter* +PSB). Estes resultados relativos à permanência das cabeças estão de acordo com os resultados de Rai *et al.* (2013), ~47~

Ranjit *et al.* (2012), Gupta *et al.* (2010) e Chaudhary *et al.* (2018) em couve.

A auto-vida da cabeça (dias) foi influenciada pelos diferentes tratamentos, tendo sido registado um máximo significativo de 12,83 dias em T8 (Vermicomposto + *Azotobacter* + PSB). Estes resultados são semelhantes aos de Padamwar e Dakore (2010), Meena *et al.,* (2017) e Chatterjee *et al.* (2012).

O T.S.S. máximo (^{0}Brix) foi considerado significativamente mais elevado 6,91^0 Brix de T8 (Vermicomposto + *Azotobacter* + PSB). Estes resultados são semelhantes aos de Upadhyay *et al.* (2007), Padamwar e Dakore (2010), Chatterjee *et al.* (2012) e Rai *et al.* (2013).

CAPÍTULO 6: RESUMO E CONCLUSÃO

A presente investigação intitulada **"Impacto de adubos orgânicos e bio-fertilizantes no crescimento, rendimento e qualidade do repolho** *(Brassica oleracea* **L. var. capitata)** *cv.* **Golden Acre"** foi realizada durante 2020-21. A experiência foi conduzida na Unidade Experimental, Departamento de Horticultura, Tilak Dhari Post Graduate College, Jaunpur (U.P) Índia.

O experimento foi realizado em blocos casualizados com três repetições e dez tratamentos.

Os resultados do presente estudo relativos ao impacto dos adubos orgânicos e biofertilizantes nos parâmetros de crescimento, parâmetros de rendimento e parâmetros de qualidade foram resumidos neste capítulo.

1. As plantas mais altas foram encontradas com a aplicação T8 (Vermicomposto + *Azotobacter* + PSB) 41,77 cm seguido por T_{10} (Bolo de Neem + *Azotobacter* + PSB) 41,41 cm enquanto que; as plantas mais pequenas foram observadas sob T3 (estrume de aves) 37,08 cm.

2. A propagação máxima da planta foi discernida na aplicação T8 (Vermicomposto + *Azotobacter* + PSB) 76,83 cm seguido por T_{10} (Bolo de Neem + *Azotobacter* + PSB) 76,45 cm e a propagação mínima da planta foi encontrada sob T3 (estrume de aves) 71,26 cm. O espalhamento da planta sob diferentes combinações de tratamento variou de 21,03 a 76,83 cm durante um período de 80 dias após o plantio.

3. O perímetro máximo do caule da planta de repolho foi registado em T8 (Vermicomposto + *Azotobacter* + PSB) 8,43 cm seguido de T_{10} (Bolo de Neem + *Azotobacter* + PSB) 8,18 cm. A circunferência mínima do caule da planta foi registada em T3 (estrume de aves) 6,37 cm durante a experiência.

4. O mínimo de dias de iniciação da cabeça da planta de repolho foi observado em T8 (Vermicomposto + *Azotobacter* + PSB) 38.74 seguido por T_{10} (Bolo de Neem + *Azotobacter* + PSB) 39.42 e o máximo de dias de iniciação da cabeça foi registado em T3 (estrume de aves) 41.88. Os dias de iniciação da cabeça variaram de 38,74 a 41,88 durante a experiência.

5. O mínimo de dias de maturação da cabeça da planta de repolho foi observado em T_8 (Vermicomposto + *Azotobacter* + PSB) 67,14 seguido por T_{10} (Bolo de Neem + *Azotobacter* + PSB) 68,47 e o máximo de dias de maturação da cabeça foi registado em T3 (estrume de aves) 73,04. Os dias de maturação da cabeça variaram de 67,14 a 73,04 durante a experiência.

6. O perímetro máximo da cabeça da planta de repolho foi registado em T8 (Vermicomposto + *Azotobacter* + PSB) 24,55 cm seguido de T_{10} (Bolo de Neem + *Azotobacter* + PSB) 23,38 cm. O perímetro mínimo da cabeça da planta foi observado em T3 (estrume de aves) 15,17 cm. O perímetro da cabeça do repolho sob diferentes combinações de tratamento variou de 15,17 a 24,55 cm durante um período após a colheita.

7. O peso líquido máximo da cabeça foi registado na aplicação T8 (Vermicomposto + *Azotobacter* + PSB) 1527,86 g seguido de T_{10} (Bolo de Neem + *Azotobacter* + PSB) 1465,33 g. O peso líquido mínimo da cabeça foi registado em T3 (estrume de aves) 643,75 g. O peso líquido da cabeça variou de 643,75 a 1527,86 g após a colheita.

8. O rendimento máximo de cabeças por parcela em kg de couve foi registado com a aplicação T8 (Vermicomposto + *Azotobacter* + PSB) 13,74 kg seguido de T_{10} (Bolo de Neem + *Azotobacter* + PSB) 13,18 kg. O rendimento mínimo de cabeças por parcela foi observado em T3 (estrume de aves) 5,79 kg. A produção de cabeças por parcela variou de 5,79 a 13,74 kg após a colheita.

9. O rendimento máximo de cabeças por ha. q de repolho foi registado em T8 (Vermicomposto + *Azotobacter* + PSB) 687.16 q seguido por T_{10} (Bolo de Neem + *Azotobacter* + PSB) 659.16 q. O rendimento mínimo de cabeças por ha. de planta foi observado em T3 (estrume de aves de capoeira) 289.50 q. O rendimento de cabeças por ha. de repolho sob diferentes combinações de tratamento variou de 289.50 a 687.16 durante um período de após a colheita.

10. O máximo de dias de permanência da cabeça da planta de repolho foi registado em T8 (Vermicomposto + *Azotobacter* + PSB) 10,94 dias seguido de T_{10} (Bolo de Neem + *Azotobacter* + PSB) 10,83 dias. A permanência mínima da cabeça da planta foi observada em T3 (estrume de aves) 8,61 dias durante a experiência. O tempo de permanência da cabeça variou de 8,61 a 10,94.

11. A auto-vida máxima (dias) da couve foi registada na aplicação com T8 (Vermicomposto + *Azotobacter* + PSB) 12,83 seguido de T_{10} (Bolo de Neem + *Azotobacter* + PSB) 12,45. A auto-vida mínima foi registada em T3 (estrume de aves) 9,08. A auto-vida da cabeça variou de 12,83 a 9,08 dias.

12. O máximo de sólidos solúveis totais (SST) da couve foi registado em T8 (Vermicomposto + *Azotobacter* + PSB) $6,91^{0}$ Brix seguido de T_{10} (Bolo de Neem + *Azotobacter* + PSB) $6,72^{0}$ Brix que foi mais elevado do que nos outros tratamentos. O TSS de diferentes combinações variou de 4,57 a^{0} Brix e o mínimo em T_{3} (estrume de aves) $4,57^{0}$ Brix.

CONCLUSÃO

Dos resultados obtidos durante a presente investigação com diferentes combinações de tratamentos de adubos orgânicos e biofertilizantes no crescimento, rendimento e qualidade da couve *cv.* Golden Acre, conclui-se que a aplicação de Vermicomposto + *Azotobacter* + PSB aumentou significativamente a altura da planta, a dispersão da planta, o perímetro do caule da planta e o perímetro da cabeça da planta. Os dias necessários para a iniciação da cabeça e a maturidade da cabeça foram mínimos no Vermicomposto + *Azotobacter* + PSB e máximos no estrume de aves de capoeira, enquanto que a duração da colheita. O peso líquido máximo da cabeça, o rendimento da cabeça por parcela em kg e o rendimento da cabeça por ha. q O rendimento foi registado com a aplicação de Vermicomposto + *Azotobacter* + PSB.

No que diz respeito aos caracteres de qualidade da couve, a aplicação de vermicomposto + *Azotobacter* + PSB apresentou a maior permanência de cabeça, vida própria e sólidos solúveis totais (SST), sendo o máximo e o mínimo registados com estrume de aves.

As plantas de couve requerem um clima frio para uma melhor produção. Jaunpur é uma região subtropical e subtropical, muito quente no verão e menos fria no inverno. Normalmente, o solo de Jaunpur é fértil, mas deficiente em alguns nutrientes e matéria orgânica. Assim, o estrume orgânico e os biofertilizantes são a combinação mais adequada para aumentar a fertilidade do solo.

Com base nos resultados acima referidos, pode concluir-se que, para obter um rendimento substancialmente mais elevado de couves de qualidade, juntamente com mais materiais de transplantação, as plantas de couve devem ser alimentadas com vermicomposto + *Azotobacter* + PSB e Bolo de Neem + *Azotobacter* + PSB nas planícies de Uttar Pradesh, Índia.

Os biofertilizantes combinados com adubos orgânicos influenciam o crescimento das plantas, aumentando a biomassa radicular e a superfície total das raízes, facilitando uma maior absorção de nutrientes e um aumento do rendimento através da redução do consumo de fontes naturais de energia. A biofertilização é de grande importância para aliviar a deterioração da poluição natural e ambiental. Há uma necessidade crescente de gestão dos processos tradicionais de gestão de nutrientes, para resultar numa maior concentração de nutrientes no solo e também para reduzir a poluição ambiental.

REFERÊNCIAS

Anant, B., Singh, J. e Singh, K. P. (2004). Response of cabbage to organic manures and biofertilizers (Resposta da couve a adubos orgânicos e biofertilizantes). *Indian Journal of Horticulture,* **61**(3): 278- 279.

Bahadur, A., Singh, J. Upadhyay, A. K. e Singh, K. P. (2003). Efeito do estrume orgânico e do biofertilizante no crescimento, rendimento e atributos de qualidade dos brócolos. *Vegetable Science,* **30**(2): 192-194.

Bahadur, A., Singh. I. e Singh, K. P. (2004). Resposta do repolho a adubos orgânicos e biofertilizantes. *Indian Journal of Horticulture,* **613**: 278-279.

Bahadur, A., Singh, J., Singh, K. P. Upadhyay, A. K. e Rai, M. (2006). Efeito de emendas orgânicas e biofertilizantes no crescimento, rendimento e atributos de qualidade da couve chinesa ruxrica chinensis. *Indian Joernal of Agriculture Sciences,* **76**(10): 506- 508.

Bhardwaj, A. K., Kumar. P. e Singh R. K. (2007). Resposta do azoto e tratamento pré-plantação de plântulas com *Azotobacter* no crescimento e produtividade de brócolos *(Brassica oleracea* var. italica). *Asian Journal of Horticulture,* **2**(1): 15-17.

Boteva, H., Turegeldiyev, B., Aitbayev, T., Rakhymzhanov, B., e Aitbayeva, A. (2019). A influência de biofertilizantes e fertilizantes orgânicos na produtividade, qualidade e armazenamento de repolho *(Brassica oleracea* var. capitata L.) no sudeste do Cazaquistão. *Bulgarian Journal of Agricultural Science,* **25**(5): 973-979.

Chatterjee, R. (2010). Atributos fisiológicos da couve *(Brassica oleracea)* influenciados por diferentes fontes de nutrientes na região oriental dos Himalaias Research, *Journalof Agriculture Science,* **1**(4): 318-321.

Chatterjee, R., Bandhopadhyay, S. e Jana J. C. (2014). Alterações orgânicas que influenciam o crescimento, o rendimento da cabeça e a eficiência do uso de nitrogênio no repolho *(Brassica oleracea var. Capitata* L.) *American International Journal of Research in Formal, Applied & Natural Sciences.* 5(1): 90-95.

Chatterjee, R., Jana J. C. e Paul P. K. (2012). Aumento do rendimento e da qualidade da couve *(Brassica oleracea)* através da combinação de diferentes fontes de nutrientes. *Indian Journal of Agricultural Sciences,* **82**(4): 323-327.

Chaudhary, S. K., Yadav, S. K., Mahto, D. K., Sharma R. P. e Kumar, M. (2018).Resposta do crescimento, atributos de rendimento e rendimento do repolho *(Brassica oleracea* var. capitata) a diferentes fontes orgânicas e inorgânicas de nutrientes na planície de Magadha de Bihar. *Int. J. Curr. Microbiol. App. Sci.,* **7**: 4748-4756.

Devi, B. A. K. e Roy, A. (2004). Crescimento e rendimento da couve influenciados por diferentes fontes de nutrientes para as plantas. Actas do primeiro congresso indiano de horticultura. Nova Deli, **6**(9) de novembro: 248.

Devi, H. J., Maity, T. K. e Paria, N. C. (2003). Efeito de diferentes fontes de azoto no rendimento e na economia da couve. *Environmental and Ecology,* **21**(4): 878-880.

Devi. S., Choudhary, M., Jat, P. K., Singh, S. P. e Rolaniya, Kumar, M. (2017). Influência de fertilizantes orgânicos e biofertilizantes no rendimento e na qualidade do repolho *(Brassica oleracea* var. capitata). *Revista Internacional de Estudos Químicos,* **5**(4): 818-820.

Gajbhiye, R. P., Sharma, R. R. e Tewari, R. N. (2003). Effect of bio-fertilizers on growth and yield parameters of tomato. *Indian J. Hort.,* **60**(4): 368-371.

Gaur, A. C. (1991). Adubo orgânico volumoso e resíduos de culturas. *In:* Fertilizers organic matter recyclable wastes and bio-fertilizers, H. L. S., Tondon, Fertilizer Development and consolations Organization, New Delhi.

Gupta, A. K. e Samnotra, R. K. (2004). Efeito dos biofertilizantes e do azoto no crescimento, qualidade e rendimento da couve *(Brassica oleracea* var. capitata) *cv.* Golden Acre. *Meio Ambiente e Ecologia,* **22**(3): 551-553.

Hochmuth, R. C., Hochmuth, G. J. e Donley, M. E. (1993). Respostas da produção de repolho, qualidade da cabeça e estado de nutrientes das folhas, e da abóbora de segunda safra, à fertilização com esterco de aves. *Proc. Soil Crop Sci. Soc. Florida,* **52**: 126-130.

Jackson, M. L. (1973) Soil Chemical Analysis. Prentice Hall of India pvt. Ltd., Nova Deli, 498 pp.

Kaur, A., (2020). Impacto de vários adubos orgânicos no rendimento, atributos de rendimento e economia de repolho *(Brassica oleracea* var. capitata L.) *Journal of Pharmacognosy and Phytochemisty,* **9**(2): 1439-1442.

Khare, R. K. e Singh, K. (2008). Efeito dos biofertilizantes e do azoto no crescimento e rendimento da couve. *Orissa Journal of Horticulture,* **36**(1): 37-39.

Khatkar, J., Shadap, A. e Longkumer. T. (2018). Efeito do manejo integrado de nutrientes no desempenho do repolho *(Brassica oleracea* var. capitata L.), *Journal of Pharmacognosy and Phytochemistry,* **7**(4): 225-228.

Kumar, R., Gupta, P. P. e Jalali, B. L. (2001). Impacto de VA - Mycorrhiza, *Azotobacter* e Rhizobium no crescimento e nutrição do feijão-frade. *Journal of Mycology and Plant Pathology,* **3**(1): 38-41.

Kumar, S., Kumar, D. S., Bipradas, A. e Abdul, M. d. M. (2015). Desempenho de rendimento de repolho sob diferentes combinações de estrume e fertilizantes. *Revista Mundial de Ciências Agrárias,* **11**(6): 411-422.

Meena, K., Ram R. B., Meena, M. L., Meena, J. K. e Meena, D. C. (2017). Efeito de adubos orgânicos e biofertilizantes no crescimento, rendimento e qualidade dos brócolos *(Brassica oleracea* var. italica Plenck.) *cv.* KTS-1. *Chem Sci Rev Lett.,* **6**(24): 2153- 2158.

Merentela, Kanaujia, S. P. e Singh, V. B. (2012). Efeito da gestão integrada de nutrientes no crescimento, rendimento e qualidade do repolho *(Brassica oleracea* var. Capitata). *Journal of Soils and Crops,* **22**(2): 233-239.

Mhaske, M. G., Ziauddin, S., Kalalbandi, B. M. e Saitwal, Y. S. (2011). Efeito de fontes orgânicas e inorgânicas de azoto e biofertilizantes no crescimento e rendimento da couve *(Brassica oleracea* var. capitata). *Revista Internacional de Ciências Agrícolas,* **7**(1): 133-135.

Mishra, R., Bisen, R. K., Agrawal, H. P. e Verma, S. K. (2021). Estudar o efeito do fertilizante orgânico, inorgânico e biofertilizante nos atributos de rendimento do repolho (*Brassica oleracea* var. Capitata). *Revistas de farmacognosia e fitoquímica,* **10**(4): 133-134.

Mohandas, S. (1999). Biofertilizante para culturas hortícolas. *Indian Horticulture,* **43**(4): 32-37.

Negi, E., Punetha, S., Pant, S. C., Kumar, S., Bahuguna, P., Bengia, M. e Nautiyal, B. P. (2017). Efeito de adubos orgânicos e biofertilizantes no crescimento, rendimento, qualidade e economia de brócolos *(Brassica oleracea* L. var. Italica plenck) *cv.* Green Head em condições de alta montanha de Uttarakhand. IJABR, **7**(1): 96-100.

Olsen, S. R., Cole, C. V., Watanabe, F. S. e Dean, L. A. (1954). Estimativa do fósforo disponível nos solos pela extração com bicarbonato de sódio, Circ. 939; U. S. Dep. of Agric.

Padamwar, S. B. e Dakore, H. G. (2009). Influência do fertilizante orgânico nos parâmetros morfológicos e nutricionais da couve-flor, **6**(2): 88-90.

Padamwar, S. B. e Dakore, H. G. (2010). O papel da vermicompostagem no aumento do valor nutricional de algumas culturas de colza. *International Journal of Plant Science,* **5**(1): 397-398.

Pandey, M., Solanki, V. P. S. e Singh, O. (2007). Effect of integrated nutrient management on yield and nutrient uptake in cabbage and soil fertility (Efeito da gestão integrada de nutrientes na produção e absorção de nutrientes em couve e na fertilidade do solo). *Annals of Plant Soil Research,* **9**(2): 136-138.

Panse, V., G. e Sukhateme (1985). Statistical methods for agricultural workers. I.C.A.R., Nova Deli, 4ª ed., pp. 109.

Piper, C. S. (1950). Soil and Plant Analysis, *publicação de Hans,* uma monografia do Waite Agric. Research Inst., Adelaide.

Piper, C. S. (1966). Soil and Plant Analysis, *Hans publication,* Bombay.

Pramod, K. e Singh, Chaman. (2009). Resposta da couve-flor ao biofertilizante e à aplicação de azoto em solo aluvial. *Annals of Plant and Soil Research,* **11**(2): 110- 111.

Rai, R. Thapa, U., Mandal, A. R. e Roy, B. (2013). Crescimento, rendimento e qualidade do repolho *(Brassica oleracea* var. capitata L.) como influenciado pelo vermi-composto. *Ambiente e Ecologia,* **3**(1): 314-317.

Reza, Selim, M. d., Islam, A. K. M., Sajjadul, R. M. d., Asif, M. d., Yunus, M., Akhter, S. e Rahman, M. d. M. (2016). Impacto dos fertilizantes orgânicos no rendimento e na absorção de nutrientes do repolho *(Brassica oleracea* var. capitata). *J. Sci. Technol. Environ. Inform.,* **03**(02): 231-244.

Sarkar, A., Mandal, A. R., Prasad, P. H., Maity, T. K. (2010). Influência do azoto e do biofertilizante no crescimento e rendimento da couve. *Journal of Crop and Weed,* **6**(2): 76-77.

Sharma, D., Singh, R. k. e Parmar, A. S. (2013). Efeito de doses de biofertilizantes no crescimento e produção de repolho *(Brassica oleracea* L. var. capitata). TECHNOFAME- *A Journal of Multidisplinary Advance Research,* **2**(1): 30-33.

Sharma, Phookan, D. B. e Boruah, S. (2011). Efeito de adubos orgânicos e biofertilizante no rendimento e economia do repolho *(Brassica oleracea* var. capitata) *Journal ofEco-friendlyAgriculture,* **6**(1): 6-9.

Shree, S., Singh, V. K. e Kumar, R. (2014). Efeito da gestão integrada de nutrientes no rendimento e na qualidade da couve-flor *(Brassica oleracea* L. var. botrytisλ *Bioscan,* **9**(3): 1053-1058.

Singh, A., Mali, S. e Kumar, S. (2014). Efeito do biofertilizante no rendimento e biomoléculas de brócolos vegetais anti-cancerosos. *Jornal Internacional de Bio-recurso e Gestão de Estresse,* **5**(2): 262.

Singh, H., Bareliya, P. K., J. S. e Kumar, P. (2018). Efeito do manejo integrado de nutrientes no crescimento e rendimento do repolho (*Brassica oleracea* var. capitata) e na fertilidade do solo. *Jornal de Farmacognosia e Fitoquímica,* **7**(2): 1767-1769.

Singh, P. e Singh, K. P. (2006). Efeito integrado de bio-inoculantes, fertilizantes orgânicos e inorgânicos no crescimento e rendimento do repolho. *Crop Res.,* **32**(2): 188-191.

Singh, V. N. e Singh, S. S. (2005). Efeito da produção de couve-flor com fertilização inorgânica e biológica. *Vegetable Science,* **32**(2): 146-149.

Sood, Ruchi. e Vidyasagar. (2007). Gestão integrada do azoto através de biofertilizantes na couve *(Brassica oleracea* var. capitata). *Indian Journal OfAgricultural Science,* **77**(9): 589-600.

Subbiah, B. V. e Asija, G. L. (1956). A rapid Procedure for estimation of availablenitrogen in soils. *Ciência atual,* **25**: 259-260.

Tilak, K. V. B. R. e Annapurna, K. (1993). Bacterial fertilizers. *Procedimentos da Ciência Académica Nacional Indiana,* **B-59**(3-4): 315-324.

Upadhyay, A. K., Singh, J. e Annant, B. (2007). Efeito dos biofertilizantes em combinação com corretivos orgânicos ou fertilizantes inorgânicos no crescimento, rendimento e atributos de qualidade da couve (*Brassica oleracea* L. var. capitata). *Asian Journal of Soil Science*, **2**(2): 138-140.

Yadav, L. P. Kavita, A. e Maurya, I. B. (2012). Efeito do azoto e dos biofertilizantes no crescimento da couve *(Brassica oleracea* var. capitata L.) *cv.* Pride of India. *Progressive Horticulture*, **44**(2): 318-320.

More
Books!

yes
I want morebooks!

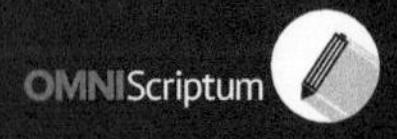

info@omniscriptum.com
www.omniscriptum.com
OMNIScriptum

Printed by Books on Demand GmbH, Norderstedt / Germany